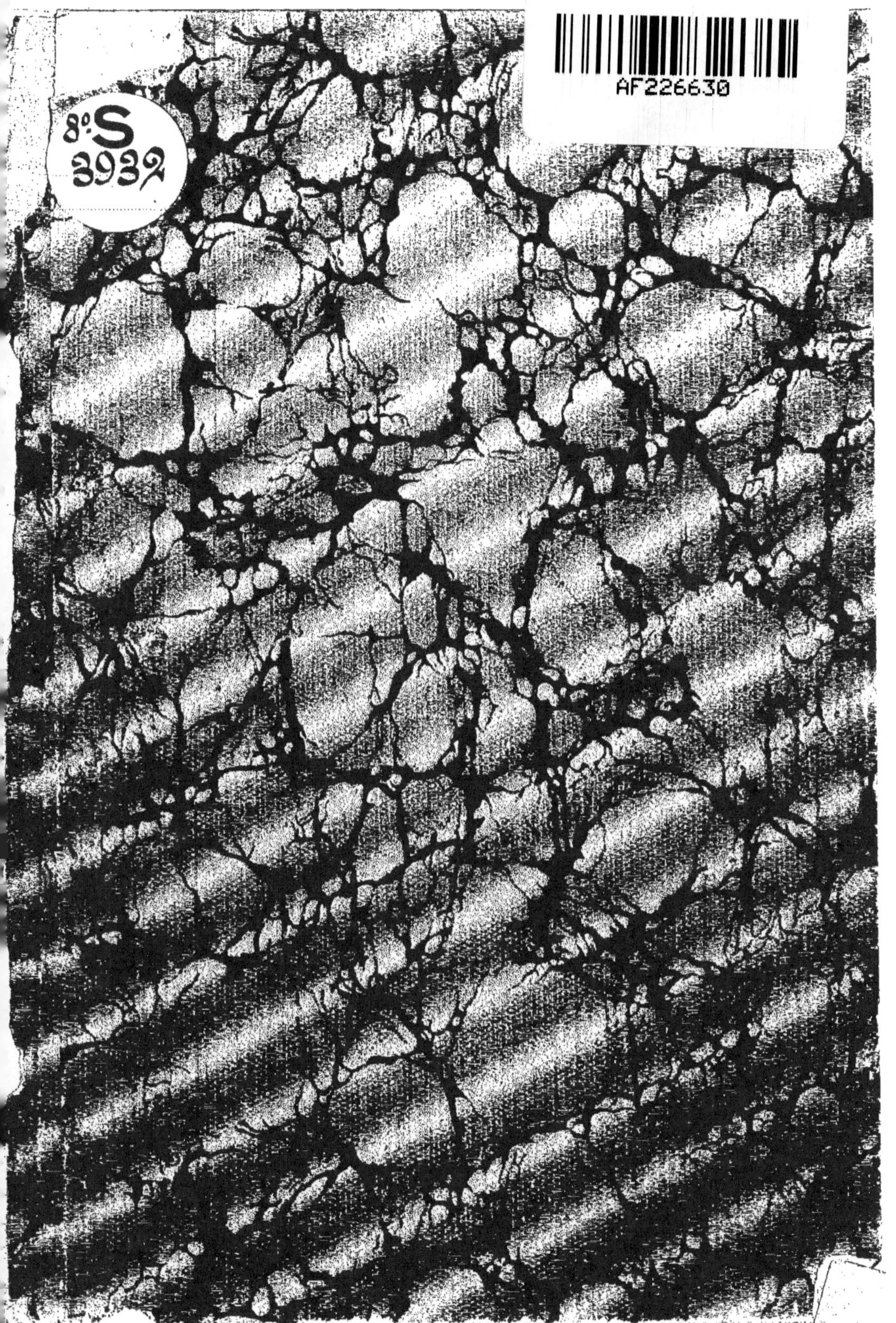

QUESTIONS ALPESTRES

PAR

F. BRIOT

EXTRAIT DE LA REVUE DES EAUX ET FORÊTS

Juillet 1883 à juin 1884.

PARIS

BUREAUX DE LA REVUE DES EAUX ET FORÊTS

RUE FONTAINE-AU-ROI, 13

1884

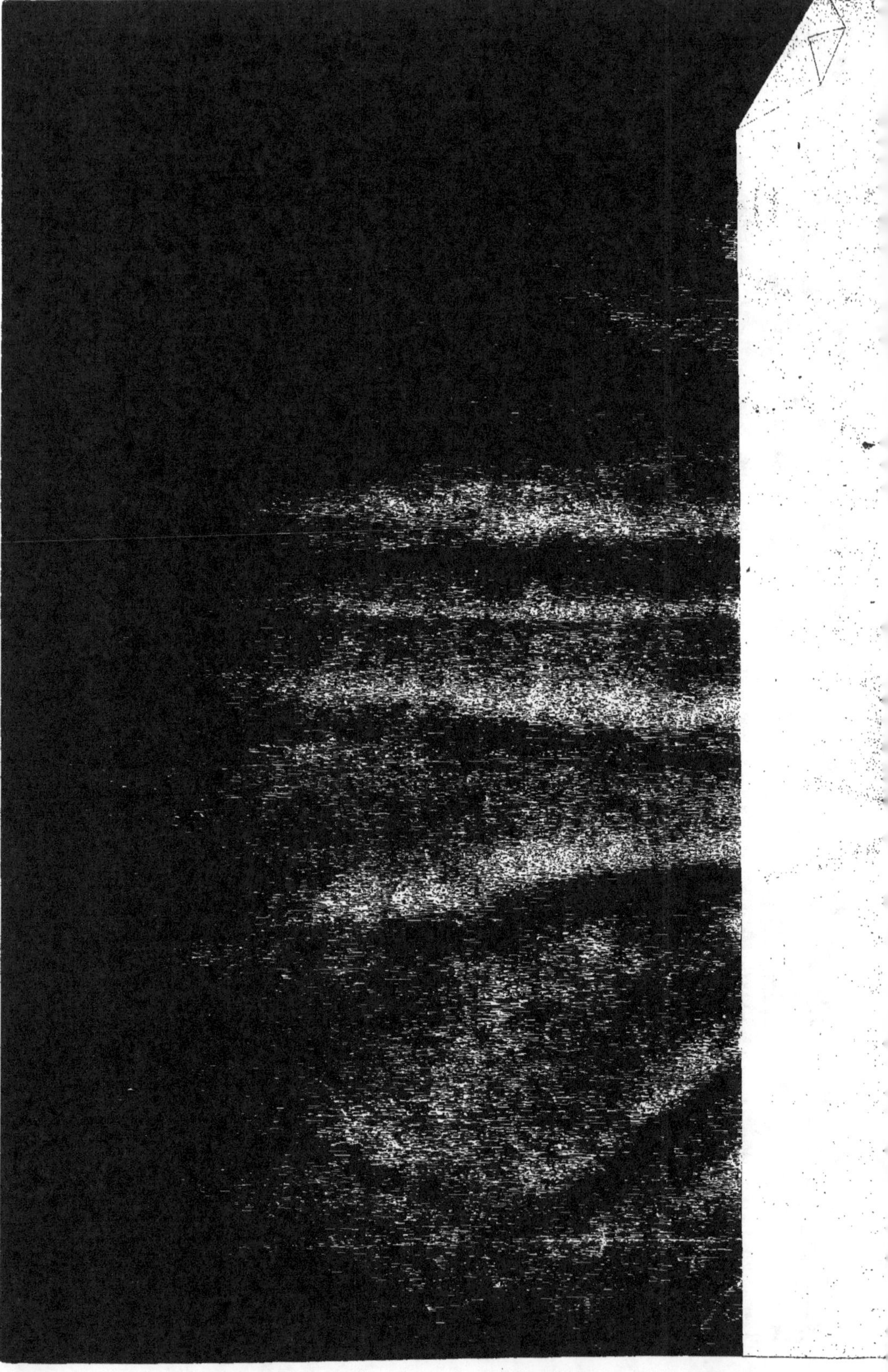

QUESTIONS ALPESTRES

PAR

F. BRIOT

EXTRAIT DE LA REVUE DES EAUX ET FORÊTS

Juillet 1883 à juin 1884.

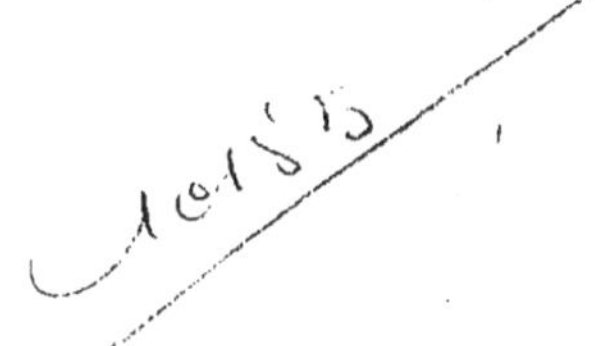

PARIS

BUREAUX DE LA REVUE DES EAUX ET FORÊTS

RUE FONTAINE-AU-ROI, 13

1884

TABLE DES MATIÈRES

DES RÈGLEMENTS DE PATURAGES

EN SAVOIE

Je n'ose point affirmer que les communes de Savoie désirent vivement la coopération de l'administration des forêts à la surveillance et à
la gestion de leurs pâturages, bien qu'elle leur soit indispensable, comme
le montrera cette étude. Toutefois, il est manifeste qu'elles attachent
une grande importance à la rédaction et à la mise en pratique d'une
réglementation sérieuse de ces biens. Interrogez les maires. Partout où
cette question d'aménagements pastoraux n'a pas été traitée, ils ré-
pondent uniformément : « Depuis longtemps nous sentons le besoin
d'un règlement, chaque année nous parlons d'en élaborer un, notre négligence seule fait que nous n'en possédons pas encore. »

Ailleurs, où il existe de ces actes, anciens ou nouveaux, on les voit
toujours précédés d'un préambule soigné, qui constate le haut intérêt
que présente la conservation de ce « patrimoine des aïeux », mais
aussi les dévastations qui s'y commettent et l'absolue nécessité d'introduire de nombreuses réformes dans le mode de jouissance dont il est
l'objet.

Les abus d'exploitation de toutes sortes sont d'ailleurs si fréquents et
si redoutés dans les contrées alpestres, qu'en maints endroits se pu-
blient des bans qui règlent, d'après d'antiques usages, la coupe des
foins de montagnes, aussi bien que les vendanges, les dates de l'ense-
mencement et de la récolte des céréales, la mise en culture d'un quartier telle année, sa mise en jachère telle autre. Nous connaissons même
des conseils municipaux qui ont tenté d'interdire aux particuliers
d'exercer le pâturage sur leurs propres prairies situées en plaine, à certaines époques, afin d'empêcher les incursions du bétail sur les propriétés voisines, vignes ou champs non récoltés, trop à craindre en raison de l'extrême division de la propriété. D'autres tiendraient à ce que
toutes les prairies particulières des vallées fussent pâturées par tous
les animaux de la même commune, à partir de la même date, fermées
aussi le même jour, afin qu'il en résulte une surveillance générale et
réciproque. Ces projets, considérés d'habitude par les préfets comme
attentatoires à des libertés privées essentielles, n'ont pas été générale-

ment approuvés. Néanmoins, ils sont intéressants pour nous, par l'indication qu'ils fournissent d'une tendance prononcée de l'esprit montagnard vers des idées de police et de réglementation. Comment, dans un pays où la propriété privée se trouve parfois soumise à des entraves inconnues autre part, pourrait-on nier l'opportunité de soumettre à des règlements des propriétés communes? La loi du 4 avril 1882, qui prescrit cette mesure, ne doit donc y surprendre personne, et si l'administration des forêts chargée de l'appliquer se présente aux communes en bienfaitrice, non seulement des générations futures, mais aussi de la génération présente, en compensant les mesures restrictives que réclame l'esprit de la loi par les libéralités que permet son article 5, qui autorise des subventions à l'industrie pastorale, il est permis d'espérer voir bien vite le pays s'associer à ses vues et à ses efforts.

Toutes les notabilités agricoles des Alpes sont convaincues de l'utilité du régime nouveau et disposées à prêter à l'administration le concours de leur parole et de leur plume; la première fois que j'eus l'honneur et le plaisir de voir le président si compétent de la Société centrale d'agriculture de la Savoie — c'était en juin 1881, alors que la loi nouvelle était sur le tapis — en causant des discussions qu'elle soulevait, M. Tochon me dit : « Ce ne sont pas des demi-mesures, c'est une réglementation vraie, sévère, qu'il nous faut; je considère que le grand mal est là, nos paysans ont trop de bétail par rapport à leurs ressources fourragères, ils n'ont pas assez de prairies dans le bas; alors, la neige à peine disparue, ils lâchent leurs moutons sur les montagnes, vous en savez les conséquences. » C'est la vérité : l'empressement de faire sortir le bétail de l'étable ne permet jamais aux fleurs de s'épanouir, ni à la graine de mûrir, pas même à l'herbe de fournir une belle pousse, ni aux racines de raffermir les plantes, après le délayement du sol produit par la fonte des neiges.

Les articles de la loi nouvelle relatifs à la réglementation des pâturages ne contiennent pas précisément de ces dispositions sévères, souhaitées par l'éminent agronome que je viens de citer. L'action de l'administration se trouve réduite à un rôle purement consultatif, et la « mise en défens », objet d'un titre spécial, ne peut être imposée obligatoirement comme simple conséquence de la réglementation. Cependant, dans la pratique cette mesure sera nécessaire. Il faudra donc l'obtenir de la bonne volonté des communes. Elle est nécessaire : en effet, il est à peu près impossible de savoir à quelques têtes près la possibilité d'un pâturage; il s'ensuit que des parcelles surchargées, même légèrement, s'appauvrissent à la longue ; or, une fois qu'on s'en aperçoit, le moyen le plus simple de les remettre au niveau de l'ensemble est évidemment la mise en défens. Par conséquent, afin d'assurer la régénération naturelle des pâturages, leur amélioration progressive, tout au moins d'en maintenir la production soutenue, il

importe de diviser chaque série d'exploitations en un nombre de parcelles correspondant à une révolution donnée et d'avoir la liberté à
chaque rotation de soumettre chacune d'elles à une courte période de
repos. Les prairies de montagne les plus productives sont celles coupées
en fleur, mais dont le faûchage est supprimé une fois chaque deux ou
trois ans; on verra également que les pâturages les plus lucratifs sont
ceux broutés avant la maturité des plantes, mais laissés en repos à certains intervalles en vue du réensemencement naturel.

Persuadé que l'administration se trouvera rapidement conduite à
entrer dans cette voie d'arrangements et de compensations dont nous
avons parlé, nous croyons que la réglementation des pâturages, malgré
le peu de pouvoir coercitif que la loi lui confère de ce côté, deviendra
chose pratique et ne sera point un leurre ; n'ouvre-t-elle pas d'ailleurs
à son activité un vaste et magnifique champ d'améliorations de premier ordre, bien dignes de tenter son patriotisme et son zèle ?

Confiant dans l'avenir du service pastoral, il me semble opportun
de faire connaître un certain nombre de règlements que j'ai relevés en
voyageant en Savoie, le département des Alpes où la matière a été le
plus étudiée certainement, par la population elle-même. C'est la tâche
à laquelle je me bornerai aujourd'hui.

Je ne présente pas ces documents comme des modèles, ni des types
de perfection complète. Mais, conçus dans des situations différentes et
répondant à des exigences locales diverses, ils me paraissent au moins
susceptibles d'inspirer de nombreuses dispositions pratiques, applicables à un grand nombre de localités qui ne possèdent pas encore de
règlements et de les aider quand elles voudront en établir. En en réunissant les détails, on pourra également composer un règlement type,
prévoyant tous les cas. Ces exemples démontreront aussi positivement
que la réglementation est implicitement comprise dans les vœux des
communes, comme nous le disions en commençant, qu'elle est en quelque sorte dans leurs cahiers ; et cette démonstration encouragera l'administration à attaquer résolument l'œuvre nouvelle, dont on s'exagère
peut-être généralement les difficultés, non pas techniques, mais admi-
nistratives, en supposant des oppositions difficiles à vaincre par suite
d'inintelligence ou d'indifférence chez les intéressés, lorsqu'au contraire les communes sont les premières à se rendre compte de leurs
propres besoins. Mais abandonnées à elles-mêmes, elles se heurtent à
des impossibilités ; appuyées et modestement encouragées, elles seront
enchantées d'adopter les progrès qu'on leur enseignera.

Nous allons voir premièrement, que l'utilité de réglementer les communaux n'est pas reconnue d'hier en Savoie. Les archives des mairies
renferment une foule de règlements anciens de cent, deux cents ans et
plus : les uns tombés dans l'oubli, les autres encore plus ou moins ap-
pliqués. Ils affirment presque tous la nécessité de « réglementer l'usage

des pâturages, leur entretien, leur culture, d'assurer leur conservation ». Constater ces vieilles dispositions de l'esprit public n'est pas
assurément dépourvu d'intérêt; ceux de nos montagnards qui ne s'en
souviennent pas, se plieront plus volontiers aux exigences de la nouvelle
loi, quand on leur rappellera que la sagesse de leurs pères en imposait
d'analogues autrefois.

Voici un règlement de Seythenex du 18 juin 1684; il a été composé
pour la « conservation, manutention, entretènement » des terres et des
possessions communes, dépendantes du village des Combes, qui fait
partie de cette commune :

« Nul communier » ne pourra vendre ni aliéner ses droits et les communaux restent indivis, conformément aux anciennes « restrictions »
faites par les ancêtres.

On ne pourra mener paître aucune brebis en aucun temps dans les
pâturages affectés aux vaches, sous peine d'une amende de deux florins.
Un seul pâturage est réservé au menu bétail; il s'étend du « gît des
Côtes à la Combe de Louvaresse. »

Nul ne doit mener ses vaches en montagne « en dehors des dates
dites et arrêtées par les procureurs et conseillers des lieux. »

Chacun devra « vaquer un jour du mois de may à l'exercice et réparation des communaux », s'il envoie une vache; deux jours, s'il en envoie
deux; au-dessus de ce nombre, on fournira une demi-journée de prestation par vache. Si l'on se fait remplacer par un mauvais travailleur,
on payera « incontinent » aux procureurs une amende de six souls par
journée due, pour les réparations nécessaires.

On sera tenu de confier les porcs à la garde d'un pâtre commun.

Il est interdit de faire paître aucun bétail dans les pâturages de printemps pendant la saison de l'inalpage ; en cas d'infraction, amende de
deux florins. Il est également interdit d'introduire dans la montagne
commune aucune tête de bétail étrangère sous peine d'une amende de
deux florins, etc.

Ce règlement a été établi en vertu simplement d'une convention
consentie et signée par tous les habitants. Les autres articles concernent
l'usage des fontaines, les empiétements sur le communal, la reprise des
communaux usurpés, la mise en culture, chaque trois ans, de quelques
parcelles communes, des engagements mutuels ayant pour objet l'entretien des cultures situées en terrains accidentés et exposés à l'entraî-
nement des terres par les eaux pluviales, enfin l'exploitation des bois.
Mentionnons un article qui interdisait l'exportation de tout produit
forestier, soit brut, soit façonné, au dehors de la commune, sous peine
d'une amende de 10 francs, due par moitié au seigneur marquis de
Faverges et à la commune « pour la réparation de ses biens ». On
tenait donc déjà au dix-septième siècle à la conservation des forêts, à
Seythenex.

Concernant la culture pastorale, trois principes importants sont à signaler dans cet antique document : la crainte de l'exercice abusif du pâturage des moutons, la coopération forcée des intéressés à des travaux d'entretien dans les propriétés communes, l'exclusion du bétail étranger. Le second point si utile cependant à mettre en pratique a disparu de la plupart des règlements nouveaux.

Mais tous les règlements d'autrefois n'accusent pas autant de sollicitude pour le communal que celui de Seythenex. Beaucoup d'autres ont été inspirés plutôt par le souci de la préservation des propriétés particulières. Témoin le suivant, rédigé en 1782 par la commune de Cevins, qui énonce cependant en tête de ses articles à l'égard du communal, les excellentes intentions que j'ai mentionnées tout à l'heure. Il est de ceux qui indiquent le besoin de régler toutes les circonstances de la vie rurale.

Il interdit à tout particulier de descendre le bétail soit des parcours situés au sommet des montagnes, soit de ceux situés à mi-côte, avant la Saint-Michel (29 septembre) ; de faire paître des bestiaux dans la plaine pendant les mois de mai et de juin, dispensant seuls de se soumettre à ces deux articles les « révérends prêtres du lieu ».

Dans certaines localités, pour protéger les propriétés particulières contre les incursions du bétail et la vaine pâture, on le reléguait donc au plus tôt dans les pâturages communs et on ne lui permettait d'en sortir que le plus tard possible.

L'acte en question défendait même de faire suivre par aucun animal, quelle qu'en soit l'espèce, les sentiers qui traversaient les terres labourables ou ensemencées. Une exception seulement était faite en faveur des chèvres consacrées à l'allaitement des petits enfants.

Autre mesure dictée uniquement encore par l'intérêt des propriétés particulières agricoles : à la descente des bestiaux, il est ordonné de les faire paître tous pendant trois jours dans les terres destinées à être labourées et ensemencées dans l'automne. C'était afin de tasser le sol léger des jachères et d'en faire disparaître les mauvaises herbes.

Les articles relatifs à la conduite du pâturage dans le communal sont insignifiants ; deux cependant concouraient au bon ordre : l'un interdisant tout pâturage dans les montagnes basses, une fois l'été venu ; l'autre prescrivant de ne conduire les bêtes à laine que « dans les rocs » et aux altitudes impropres à la fréquentation des vaches.

Les infractions étaient punies de 3 à 4 livres, dont un tiers appartenait « au dénonciateur », les deux autres tiers aux pauvres de la commune. Le « châtelain (1) » était désigné pour en connaître. Il était également chargé de faire chaque année une lecture de tous les articles « un jour de dimanche ou de fête, à l'issue des offices divins et au plus grand concours du peuple ».

(1) Officier de police judiciaire du fief.

Ces anciens règlements étaient l'objet d'assez longues et solennelles formalités : celui de Cevins, quoique restreint à dix articles contenus en moins de trois pages, appartient à un épais dossier renfermant pétition du conseil, rapport de l'intendant, communication au Sénat de Savoie, rapport d'un conseiller, conclusions de l'avocat fiscal général, arrêt approbatif du Sénat. Ces actes étaient donc examinés par les pouvoirs publics les plus élevés de la province et ne devenaient exécutoires qu'à la suite de décisions émanant de leur part.

Aujourd'hui les communes savoisiennes les plus riches en pâturages ont rédigé des règlements instructifs à étudier. Leur simple lecture fait comprendre parfaitement les détails de l'organisation pastorale. Je commencerai par résumer celui de Bourg-Saint-Maurice, chef-lieu du canton le plus élevé de la vallée de l'Isère, et dont l'immense territoire s'étend sur les contreforts du Petit Saint-Bernard et du mont Blanc.

Ce règlement date du 1er mars 1857. C'est une compilation des actes antérieurs sur le même objet, avec des additions reconnues nécessaires par une commission qui fut chargée de reviser ceux-ci. Ces actes étaient des procès-verbaux de reconnaissance de 1833 et de 1837 approuvés par l'intendance, plus huit délibérations prises de 1833 à 1856.

Les pâturages sont divisés en deux sections : les « bas communaux » et les « hauts communaux ».

Les premiers sont destinés à recevoir toute espèce de bétail au printemps et en automne, mais en été, uniquement les bêtes à lait nécessaires à l'alimentation des familles ; leur nombre est limité par ménage à huit chèvres ou quatre brebis et quatre chèvres ; quant aux vaches, on a négligé d'en fixer la quantité, sachant que les propriétaires n'en gardent que le moins possible, ayant beaucoup plus d'avantages à les estiver dans les montagnes à fromages que de les conserver près d'eux.

Les hauts communaux affectés au pâturage d'été seulement peuvent recevoir toute espèce d'animaux ; mais, en fait les alpages particuliers attirant et retenant toutes les vaches laitières de la région, cette catégorie n'est consacrée qu'aux chèvres, aux moutons, aux vaches sans lait et à l'élevage de nombreuses génisses.

Dans les bas communaux, à quelques exceptions près, les animaux d'espèces diverses paissent mélangés ; dans les autres, il y a toujours séparation ; les plus beaux vallons et les pentes les moins ardues sont affectés aux génisses ; les endroits moins propices, aux moutons et aux chèvres. Mais souvent les génisses parcourent une première fois un pacage ; les bêtes à laine leur succèdent quand les premières montent dans des pâturages plus élevés.

Dans les hauts communaux, il est permis de mettre autant de bétail que l'on veut, à la condition cependant qu'il ait été hiverné, à moins qu'on ne se résolve à payer des taxes considérées comme peu pratiques en raison de leur élévation, pour des exploitations qui ne seraient pas très lucratives. Ces taxes, jointes à l'intérêt des propriétaires de moutons qui ne peuvent atteindre leur but, l'engraissement, qu'à la condition de ne pas surcharger le pâturage, suffisent, prétend-on, pour empêcher les abus.

Le règlement spécifie nettement les confins des parcours de génisses et ceux des moutons. Ce sont des limites naturelles ou des chemins.

Il est permis aux familles qui se transportent en été dans des chalets de faire paître dans les communaux voisins, quelle qu'en soit la destination, six chèvres à lait ou trois brebis et trois chèvres, regardées comme nécessaires à la nourriture du personnel des petites exploitations.

Les particuliers qui forment des troupeaux de moutons importants qu'ils envoient dans les communaux pendant le jour, et qu'ils réunissent le soir au parcage sur leurs propriétés, doivent s'astreindre à leur faire suivre des chemins désignés à l'avance. S'il n'existe pas de chemins, on leur trace des passages de 40 mètres de largeur dans les endroits les moins préjudiciables ; il est entendu que les moutons doivent « filer », c'est-à-dire ne jamais s'arrêter ni pâturer, chemin faisant.

Il est expressément défendu, à moins que la neige n'y force temporairement, de faire descendre dans les bas communaux les troupeaux inalpés dans les sommités et les montagnes à gruyère particulières. Les infractions à cette règle entraînent une amende égale à la taxe.

Il est également défendu à tout particulier de se charger d'aucune bête aumaille étrangère, qui ne soit pas en état de lactation, soit dans les hauts, soit dans les bas communaux. C'est une clause qui a pour but de protéger l'industrie de l'élevage en empêchant des animaux, qu'il s'agit simplement d'entretenir, de venir disputer aux génisses de la commune la nourriture abondante qu'on veut leur réserver. Elle entraîne, quand elle est violée, une amende égale au double de la taxe qui frappe les bestiaux de commerce de même espèce.

On ne doit jamais faucher dans le communal sans une permission du conseil manifestée par arrêté du maire, sous peine d'une amende de 3 francs une première fois, de 5 francs en récidive.

Le règlement impose au conseil le devoir de vérifier chaque année s'il y a dans les hauts communaux des cantons qui ne peuvent plus être pâturés à un moment donné, ce qui peut arriver par suite de sécheresse ou d'épuisement, et d'indiquer, dans ce cas, dans les bas communaux les parcelles devant les remplacer.

Les taxes appliquées actuellement à l'usage des hauts communaux sont :

5 fr. 00 par vache.......⎫ de commerce, c'est-à-dire achetés au
6 fr. 00 par génisse.....⎬ printemps pour être revendus en
1 fr. 00 par mouton.....⎭ automne.

4 fr. 00 par vache ......⎫
2 fr. 00 par génisse......⎬ hivernés.
0 fr. 50 par mouton.....⎭

Celles des bas communaux sont :

1° Pour les animaux qui les fréquentent au printemps et en automne seulement, de :

3 fr. 00 par génisse ....⎫ de commerce.
0 fr. 50 par mouton ....⎭

1 fr. 00 par vache et génisse..⎫ hivernés.
0 fr. 25 par mouton ....⎭

2° Pour les animaux qui les pâturent toute l'année, de :

10 fr. 00 par génisse.⎫ de commerce.
2 fr. 00 par mouton.⎭

2 fr. 00 par vache ..⎫
1 fr. 50 par génisse.⎬ hivernés.
0 fr. 50 par mouton.⎭

Les chèvres sont assimilées aux moutons.

Toutes ces taxes, année moyenne, produisent un revenu de 7 000 et quelques centaines de francs.

Sont considérés comme ayant usé des bas communaux et soumis par conséquent aux taxes de printemps tous les animaux qui y sont trouvés avant le 18 juin. Et les animaux nourris au dehors pendant moins de trois mois ne payent que la moyenne entre « les consignes » d'hivernage et de commerce.

Outre les taxes applicables à la majorité des communaux, le règlement en a spécifié quelques autres un peu plus élevées, applicables à certaines montagnes dont les herbages sont remarquables par l'abondance ou la saveur.

On remarquera que les taxes sur les vaches sont très élevées; mais la prospérité de l'industrie laitière permet de les supporter aisément; la commune retire même une somme assez importante du pâturage des vaches au printemps, quoique dans les bas communaux ces animaux ne peuvent paître plus de dix à douze jours avant la Saint-Jean-Baptiste, jour de l'ascension générale vers les montagnes à gruyère environnantes.

Chacun est tenu de déclarer, avant le 15 juillet, le bétail qu'il compte faire pâturer dans le communal.

Les animaux qui périssent et dont la mort peut être démontrée comme ayant eu lieu antérieurement au 20 septembre, sont exempts de taxes.

En été, dans chaque quartier, deux conseillers sont chargés de parcourir les montagnes et de constater si le nombre des animaux n'est pas dépassé. S'il l'est, l'amende infligée consiste en une nouvelle taxe indiquée sur un tableau annexé à celui des taxes réglementaires, et d'ordinaire égale à celles-ci augmentées de moitié. En cas de récidive, les amendes sont doubles.

Le garde champêtre, quand il constate une contravention, a droit, outre le payement de sa journée évaluée à 3 francs, si l'infraction a eu lieu dans les hauts communaux, et d'une demi-journée, si elle a eu lieu dans les bas communaux, au tiers de la somme fixée par transaction devant le conseil ou par jugement. Toutes les amendes peuvent être l'objet de transactions.

Ce règlement fait ressortir les plus louables résolutions, mais sans même le demander, nous avons recueilli cet aveu, que les vérifications forcément un peu longues, à cause de l'éparpillement du bétail, ne s'opèrent guère et sont omises bien volontiers par les conseillers, montagnards eux-mêmes, fort occupés de leurs propres affaires pendant l'été, qu'il faudrait par conséquent des préposés rétribués, actifs, et surtout indépendants.

Aux Chapelles, commune voisine de Bourg-Saint-Maurice, il existe un règlement analogue. Certaines taxes sont même plus élevées. Ainsi, les vaches à lait payent 12 francs; les moutons hivernés 1 fr. 40; ceux de commerce, 2 fr. 50; mais il n'y a pas de taxe sur les chèvres, et leur nombre est considérable; on les garde seules pour la nourriture des familles en été, alors que le reste du bétail est estivé au loin, et malheureusement on les envoie dans des lieux anciennement boisés, maintenant ravinés, où leur présence est un obstacle à l'entretien et la reprise d'une végétation forestière quelconque que nécessiterait cependant l'extinction d'un fameux torrent, l'Arbonne, très redoutable pour Bourg-Saint-Maurice.

En Maurienne, l'esprit conservateur est moins développé qu'en Tarentaise, parce qu'on est plus pauvre. Cependant à côté de petites localités trop découragées, insouciantes et stationnaires, s'en trouvent d'autres, on va le voir, qui s'appliquent très sérieusement à l'administration de leurs communaux.

Au sommet de la vallée, voici d'abord Lans-le-Villard, propriétaire d'une partie des magnifiques pelouses du plateau du mont Cenis.

Dans ces hauts parages dont les lieux habités dépassent 1500 mètres, on sait que la forêt, la prairie, le pâturage, le bétail, c'est tout, le reste n'est rien. Aussi, de quelle importance n'est pas le communal ? De lui découle la vie même des populations. Le titre du document qui en règle l'usage le fait sentir. Le conseil l'a appelé *Règlement rural*, comme si tous les efforts qui se dépensent dans la campagne ne pouvaient avoir qu'une tendance, l'exploitation la plus avantageuse des montagnes pastorales.

Cet acte, en date du 16 mai 1876, a été l'objet d'un soin particulier et imprimé en forme de livret dont chaque habitant a reçu un exemplaire.

Je vais donner la substance de chacun de ces articles.

Chaque particulier a le droit de faire pâturer dans les communaux les vaches, génisses, veaux, brebis ou agneaux qu'il aura hivernés dans la commune (art. 1er). Chaque propriétaire a également le droit de faire pâturer gratuitement dans les communaux trois vaches et une génisse, quarante brebis et deux chèvres non hivernées ; plus, deux autres vaches à raison de 4 francs l'une, une génisse à raison de 3 francs, deux veaux à raison de 1 franc, dix autres brebis à raison de 0 fr. 25, dix autres encore à raison de 1 franc (art. 2). L'impôt est donc progressif.

Chaque année, au mois de février tous les particuliers doivent faire consigner à la mairie les têtes de bétail qu'ils hivernent. Le défaut de consignation entraîne la déchéance des droits attribués par l'article 1er et fait classer le bétail non inscrit dans la catégorie payante spécifiée à l'article 2.

Le bétail non hiverné ne peut être conduit aux pâturages de printemps avant le 15 mai. Cependant, suivant la précocité ou le retard des saisons, cette date peut être modifiée par le conseil. Quant à l'époque de l'inalpage des bestiaux en haute montagne, elle est fixée chaque année par une délibération spéciale.

Attendu qu'il est démontré par l'expérience que le pâturage exercé en commun par le gros et le menu bétail « est désastreux », il est dressé par le conseil municipal un état statistique qui désigne des cantons nettement délimités à affecter à chaque espèce de bétail, ainsi que les chemins à suivre pour s'y rendre.

Vu les dommages que peut faire encourir aux propriétés particulières encore chargées de récoltes, la descente hâtive du bétail, le conseil fixe chaque année la fin de l'estivage et l'ouverture des parcours d'automne dans les communaux dits *de la plaine*. Cependant, s'il tombe de la neige dans les hauteurs, pendant la belle saison, les bestiaux qui s'y trouvent peuvent séjourner dans les communaux de la plaine jusqu'à sa disparition. La vaine pâture qui se pratique sur les champs non ensemencés ne s'exerce pas avant le 18 octobre, date antérieurement à laquelle les blés ne sont pas entièrement rentrés. Néanmoins, le conseil avance ou retarde cette époque à son gré.

Les particuliers dont les propriétés sont situées à mi-mont et qui par là même sont empêchés de profiter des communaux les plus élevés, peuvent jouir en été de certains cantons affectés au pâturage du printemps énoncés dans le règlement, mais ils ne peuvent y faire paître en tout, durant l'estivage, plus de cinq vaches, quinze brebis et deux chèvres (art. 9). Dans les pâturages de printemps et d'automne, il est interdit d'introduire tous autres animaux inalpés, à partir d'un délai de huit jours après la date fixée pour l'ascension du bétail, jusqu'à la date de sa descente.

Les habitants qui ne possèdent aucune espèce d'alpages, ni hauts, ni moyens, ni bas, peuvent exceptionnellement faire pâturer en été dans un canton spécial différent de ceux indiqués à l'article 9, quelques animaux, mais au maximum : deux vaches, un veau et trois brebis ou une chèvre. Ceux qui afferment leurs alpages et même ceux qui les exploitent directement jouissent de la même latitude, dans le même mas, mais seulement pour une vache ou trois brebis ou une chèvre, c'est-à-dire le strict nécessaire aux besoins des membres de la famille qui ne se rendent pas aux chalets. Ces animaux sont, au point de vue des taxes, rangés dans la catégorie du bétail inalpé.

L'article 12 est un privilège fait aux pauvres : les particuliers peu aisés qui n'hivernent que très peu ou point de bétail ont en été les mêmes droits que s'ils avaient hiverné deux vaches.

Il est formellement défendu de couper ou de faucher de l'herbe dans les pâturages communaux avant le 15 septembre. J'ajoute que, si cela est permis après cette date, c'est seulement dans les rochers, précipices, endroits dangereux et inaccessibles à toute espèce de bétail. Cette herbe est le *wildheu*, « foin sauvage » des Suisses, qui appartient dans toutes les Alpes au premier arrivant.

L'article 14 défend de faire paître ni moutons, ni chèvres, avant le 20 juillet dans certains cantons, réservés jusqu'à cette date exclusivement au gros bétail.

Le conseil fixe chaque année les passages que les troupeaux doivent suivre pour se rendre aux pâturages.

Les béliers ne peuvent être conduits à la pâture dans les communaux avant le 1er octobre de chaque année afin de prévenir « le dessaisonnement des bestiaux ». Cet article s'explique parce que l'industrie principale à laquelle on se livre sur la race ovine dans les environs du mont Cenis, est celle du lait. C'est en été qu'on tient à l'avoir en plus grande quantité, à l'époque où la floraison des pâturages communique à ce produit un arome délicat. La gestation chez la brebis dure cinq mois; afin que les agneaux puissent être sevrés avant l'estivage et à l'âge normal de trois mois environ, il importe donc que la lutte ait lieu en octobre. On ne devra pas négliger d'introduire un article analogue dans tous les règlements des communes qui s'adonnent à la spéculation laitière sur les brebis, l'exploitation reconnue la plus lucrative et par cela même la plus favorable à l'amélioration des pelouses, parmi celles dont l'espèce ovine est l'objet dans les pays alpestres.

Les troupeaux de moutons étrangers qui sont surpris dans les pâturages communaux, sont soumis à la taxe de 0 fr. 25 par tête, outre l'amende prévue par l'article 18.

Celui-ci déclare les contrevenants passibles des amendes prévues par les articles 471 et 475 du Code pénal (1).

Dans ce règlement la quantité de bestiaux admissibles dans les communaux se trouve en fait limitée, puisqu'il fixe à un chiffre nettement déterminé pour chaque habitant le nombre de têtes de bétail qu'il lui est permis d'introduire au maximum. Ce maximum concorde-t-il avec la possibilité réelle des pâturages? une étude minutieuse des lieux pourrait seule l'apprendre. En tout cas, le règlement de Lans-le-Villard nous semble un type assez complet pour servir de canevas dans bien des circonstances. J'ajoute que le livret distribué aux habitants contient aussi une délibération spécifiant, en neuf articles très détaillés et précis, les pâturages distincts de bêtes aumailles ou de bêtes ovines dépendant de chaque mas de chalets.

Les bons exemples se propagent rapidement. Un an après Lans-le-Villard, Bessans, commune attiguë, adoptait un règlement analogue au précédent, conçu dans le même esprit, hostile aussi à l'introduction en nombre excessif d'animaux non hivernés.

La délibération qui l'a promulgué fait ressortir qu'indépendamment des avantages financiers que procurent des taxes rationnelles et équitables, le bien public exige un règlement afin d'empêcher par là que les habitants aisés jouissent des communaux au détriment de la classe pauvre et d'indiquer «avec toute la précision possible» les limites des triages à affecter à chaque espèce de bétail. Elle ajoute qu'une organisation pastorale perfectionnée est d'autant plus nécessaire que, l'inclémence des saisons ruinant presque toutes les années les récoltes de céréales, les habitants se trouveraient réduits à la misère sans les ressources que procure le bétail. Sachez que Bessans est à 1742 mètres.

Les chefs de famille sont autorisés à faire paître dans les communaux tous les bœufs, vaches, génisses hivernés par eux à raison de : 0 fr. 50 par vache, 0 fr. 25 par bœuf ou génisse. En outre on peut introduire :

2 vaches non hivernées à raison de	3 fr. 00	l'une.
2 autres non hivernées à raison de...........	4 00	—
Au-dessous de ces nombres on paye...........	10 00	—
4 bœufs ou génisses à raison de..............	2 50	—
4 veaux à raison de	0 75	—
Au-dessus de ces nombres on paye...........	8 00	par tête.

Comme le pays n'hiverne pas les brebis dont le lait est employé en

(1) L'article 15 de la loi du 4 avril 1882 renvoie également à l'article 471 du Code pénal qui inflige des amendes de 1 à 5 francs. Les conseillers de Lans-le-Villard y ont joint un article qui inflige des peines plus sévères applicables à l'infraction aux dates d'ouverture du pâturage : « Art. 475. Seront punis d'amende depuis 6 jusqu'à 10 francs inclusivement : ceux qui auront contrevenu aux bans des vendanges ou autres bans autorisés par les règlements... »

été en mélange avec le lait de vache dans la fabrication des fameux fromages dits *du mont Cenis*, on est autorisé à en faire pâturer : quarante d'étrangères par ménage à raison de 0 fr. 25 par tête ; au-dessus de quarante, on paye 0 fr. 50 jusqu'à cinquante têtes ; au-dessus de cette limite, la taxe s'élève à 2 francs.

Le pâturage de deux chèvres seulement par feu est autorisé, moyennant 0 fr. 40 par tête ; pour un plus grand nombre on paye 0 fr. 60. Sur cette taxe est prélevé le salaire d'un pâtre commun qui conduit le troupeau dans le triage spécial affecté aux agneaux mâles et aux béliers.

La vaine pâture s'exerce dans certains mas de prairies de montagnes ; mais sa durée ne dépasse pas six jours pour les uns, neuf jours pour les autres, à des époques fixées par l'autorité municipale.

Les béliers ne peuvent pâturer dans les cantons réservés aux brebis avant le 26 octobre.

Les limites entre les pâturages de brebis et de vaches sont nettement indiquées. Dans le principal vallon pastoral, celui de Ribon, le conseil doit fixer chaque année l'ouverture des parcours de menu bétail. En principe, il est décidé que ce pâturage cessera en même temps que celui des vaches, c'est-à-dire à la fin de la fabrication des fromages, qui arrive toujours de bonne heure, ordinairement vers le 15 septembre.

Dans l'article 12, il est dit que le conseil désignera chaque année le temps et l'époque où il sera permis de faire pâturer le gros bétail dans les communaux ; que chaque chef de famille aura soin de ne pas envoyer son bétail dans les cantons réservés pour une époque postérieure. Il y a donc un commencement d'aménagement.

Les brebis, moutons et agneaux étrangers ne peuvent être introduits dans les pâturages communaux avant le 20 mai, et doivent en sortir au plus tard le 20 octobre.

Afin d'empêcher toute fausse déclaration et de rendre le contrôle possible, il est interdit à tout particulier de réunir dans sa propriété ou son chalet d'autre bétail que celui qu'il exploite.

Le règlement punit d'une amende de 5 francs par tête de gros bétail et de 2 francs par tête de menu bétail l'introduction de bestiaux non déclarés, non compris la taxe exigible et le montant des peines prononcées par les articles 471, 475 et 479 du Code pénal.

A Sollières, à 10 kilomètres en aval de Lans-le-Villard, un règlement a été arrêté le 29 mai 1878.

Pour avoir droit aux jouissances communales, dit-il, on doit être inscrit au registre cadastral de la commune et payer l'une des quatre contributions directes. Ici, les richesses pastorales sont moindres que dans les communes environnantes ; aussi chaque maison n'a-t-elle droit, moyennant une faible taxe qui est de 0 fr. 50, qu'au pâturage d'une seule vache ou génisse. Les génisses sont considérées comme équivalentes à une vache à partir de quinze mois. Au-dessus de l'unité, la taxe est de 1 franc par tête. Pour les veaux de huit à quinze mois, quel qu'en soit le nombre, la taxe est de 0 fr. 50 par tête. Il n'est pas dû de taxe pour les animaux qui périssent pendant l'estivage.

La jouissance des pâturages communaux voisins des hauts chalets appartient exclusivement aux exploitants de ces chalets, conformément aux anciens usages locaux ; toutefois chaque chalet ne peut y envoyer plus de cent têtes de brebis ou chèvres ; cela, moyennant une taxe de 0 fr. 10 par tête seulement. Mais au-dessus du nombre 100 la taxe s'élève d'un coup à 3 francs par tête.

Il est interdit d'incorporer dans les troupeaux plus d'un bélier pour trente-deux brebis ou plus de trois pour quatre-vingt-dix-sept. Chaque troupeau contenant un ou plusieurs béliers doit être surveillé constamment par un gardien spécial ; au-dessus de cette proportion on paye 20 francs par bélier.

En dehors des troupeaux de brebis dépendant des montagnes particulières, il ne peut y en avoir que quatre autres réunissant les bêtes ovines de chacun des quatre hameaux de la commune.

Les pauvres peuvent remettre aux propriétaires de montagnes les brebis ou chèvres qu'ils ont hivernées sans payer aucune taxe, et ces animaux ne sont pas compris dans le nombre de 100 autorisé.

Chaque année le conseil fixe les époques d'ouverture et de clôture des pâturages. Les troupeaux de cent têtes, désignés plus haut, étant formés exclusivement de bêtes étrangères à la commune, il est spécifié qu'après être descendues de la montagne, et cela jamais plus tard que le 3 octobre, elles ne doivent pas séjourner plus de vingt-quatre heures sur le territoire de Sollières. La police des pâturages et toutes vérifications doivent être faites par le garde champêtre assisté d'un conseiller municipal.

J'arrive à Bramans, commune limitrophe de Sollières. Un règlement y a été promulgué le 6 février 1881. Cet acte ne parle ni de bœufs ni de vaches. C'est que là, comme en bien d'autres localités, une heureuse transformation s'est accomplie déjà : des montagnes pastorales anciennement communales sont passées entre les mains des particuliers. Elles sont maintenant bien entretenues et affectées au gros bétail : ce sont les montagnes à fromages. En revanche, l'invasion des moutons étant devenue inquiétante à Bramans, le conseil a voulu prendre des mesures destinées à la modérer. Le procès-verbal de la délibération prise à cet effet est précédé d'un exposé des motifs déclarant que l'expérience a démontré depuis plusieurs années que le nombre de chèvres, moutons et brebis toléré jusqu'alors sur les biens communaux était trop considérable et qu'il est nécessaire de le limiter à l'aide de taxes nouvelles plus élevées que les anciennes.

Les mesures adoptées sont les suivantes :

Les chefs de famille, propriétaires, usufruitiers ou fermiers d'un tènement de montagne haute ou basse, seuls ont le droit de conduire le menu bétail dans les communaux. Le nombre sera de cent têtes par propriétaire payant une cote en dessous de 5 francs ; au-dessus de 5 francs, on pourra ajouter deux têtes par franc de contributions. Mais les propriétés situées en montagnes hautes sur lesquelles on tient ménage distinct et séparé, seules donnent droit à cette augmentation.

Bien qu'on ait souvent critiqué cette mesure de la proportionnalité du droit de pâturage au marc le franc des contributions, elle me paraît beaucoup plus rationnelle que l'égale répartition des droits entre tous les habitants : dans nos hautes vallées alpestres, le mouton n'est pas seulement exploité en vue de la laine, de la viande ou du lait, mais son fumier, le plus actif et le plus chaud de tous, sert à engraisser les belles prairies particulières qui s'étendent au pied des pâturages communaux, pelouses précieuses dont les produits descendus dans la vallée viennent à leur tour nourrir le bétail des étables d'hiver, dont l'engrais féconde ensuite les champs de la plaine et des coteaux ; il est donc juste que les propriétaires des hautes prairies aient des droits sur le communal proportionnés à l'étendue de leurs prairies. Les leur refuser, ce serait vouer à l'appauvrissement une partie des gazons les plus serrés et les seuls intacts qui se rencontrent dans nos Alpes. Cependant un jour viendra peut-être où l'égale répartition ne présentera plus d'inconvénients. Ce sera, quand les champs de la vallée seront devenus prairies ; et les hautes prairies, d'une exploitation si coûteuse, pâturages. Alors seulement, le communal pourra conserver nuit et jour le bétail qu'il nourrira, et devenir indépendant des propriétés particulières qui lui enlèvent constamment de si riches éléments de régénération.

La taxe de Bramans est seulement de 0 fr. 05 par tête, jusqu'à concurrence des nombres permis par les clauses précédentes ; mais au-dessus de ce nombre, elle saute d'un coup à 5 francs.

Pour permettre le contrôle, chaque habitant doit renfermer la nuit son troupeau en une seule bergerie, sur son propre fonds. Au pâturage, il doit le faire garder à vue par un berger reconnu capable et ne jamais le réunir à un autre troupeau.

L'exercice du pâturage dit *de printemps* a lieu dans la commune entre le 25 mai et le 15 juin seulement. Le maire, chaque année, fixe exactement les jours du commencement et de la fermeture entre ces deux dates.

Certains petits cantons sont affectés au pâturage du troupeau communal des moutons ou brebis hivernés, du 15 au 25 juin et après le 1er octobre.

Afin d'empêcher les dommages que pourraient occasionner aux montagnes particulières voisines du communal l'ignorance ou la négligence des bergers, à l'époque où, les hauts chalets n'étant pas habités, personne n'est là pour protéger ces propriétés, il est défendu de mener paître les brebis dans les hauts communaux avant le 25 juin et après le 1ᵉʳ octobre.

Les habitants qui ne possèdent aucune propriété donnant droit à l'usage des communaux (c'est-à-dire les pauvres), peuvent y faire pâturer cependant, sans rien payer, le menu bétail qu'ils ont hiverné, en en remettant la garde aux propriétaires de chalets, mais sans pouvoir dépasser le nombre de cinq têtes par troupeau de cent, autorisé. Les intéressés fournissent la preuve de leur hivernage et font connaître le nom du propriétaire auquel ils confient leur bétail.

L'obligation de donner libre accès dans tous les chalets aux agents chargés de la police des pâturages est imposée.

En continuant à descendre la Maurienne nous arrivons à Modane, qui a adopté un règlement par une délibération du 5 novembre 1871. Son exposé des motifs fait ressortir que cette innovation est absolument nécessaire pour mettre fin aux difficultés d'interprétation des règlements anciens, ne plus laisser prise à la mauvaise foi, empêcher beaucoup d'habitants de conduire le bétail, sans distinction, ni séparation d'espèces, partout où cela leur plaît, abus qui donne lieu à des plaintes fréquentes, enfin créer des ressources à la commune par des taxes plus fortes.

Vu ces considérations, le conseil a décidé :

Que les pâturages communaux seraient divisés en trois catégories : l'une, exclusivement réservée au gros bétail ; une autre, au petit ; une troisième, mixte. Que dans chaque catégorie l'usage de certains mas serait affecté au bétail dépendant des montagnes particulières du canton de même nom, conformément aux anciens usages.

Dans les montagnes à vaches, le nombre des bestiaux toléré est illimité. On suppose que les habitants éviteront les surcharges, en raison de leur propre intérêt de ne point avoir de vaches obligées de se disputer leur nourriture, affamées et partant improductives.

Comme dans les communes étudiées précédemment on s'est attaché particulièrement aux effets du pâturage des bêtes ovines. — Dans les montagnes mixtes, chaque particulier peut envoyer huit têtes de menu bétail, et dans les montagnes réservées exclusivement à cette espèce, dix têtes par franc de contribution payée par la montagne pastorale qui confère le droit au parcours.

Le petit bétail peut être introduit dans les pâturages réservés au gros bétail, lorsque celui-ci s'en retire n'y trouvant plus une nourriture appropriée et suffisante. Appliquée avec mesure, cette disposition n'est pas mauvaise : les brebis et les chèvres se contentent de plantes que dédaignent les vaches ; aussi empêchent-elles, en passant après elles, de se multiplier, au détriment des espèces préférées par les bêtes aumailles, des herbes de moindre qualité.

Il est interdit aux troupeaux de changer de canton.

L'ascension du bétail dans les montagnes basses est fixée au 11 juin, et le petit bétail doit en redescendre le 6 octobre. Toutefois ces dates peuvent être légèrement modifiées par le conseil.

La vaine pâture est admise dans les propriétés en jachères ; mais elle ne peut être exercée qu'au profit des animaux hivernés.

Les taxes sont :

> De 0 fr. 25 par veau, mouton, brebis ou agneau.
> De 0 fr. 50 par génisse, bouc, chèvre ou chevreau.
> De 0 fr. 80 par vache.

Une taxe de 3 francs est imposée sur les vaches qui, restant en ville toute l'année, parcourent en été les pâturages dits *de la plaine* et les bas monts.

Les déclarations des propriétaires doivent avoir lieu du 20 juin au 15 juillet.

Tout bétail non déclaré est considéré comme étranger ou assujetti aux mêmes taxes que celui-ci. Ces taxes sont de :

> 1 fr. 25 par tête de petit bétail.
> 3 fr. 50   —   gros bétail.

Des visites de contrôle doivent être ordonnées par le maire de temps en temps et faites par les conseillers.

Entre Modane et Valloires on rencontre, à droite et à gauche de la vallée, des communes dont l'aménagement des pâturages m'a paru beaucoup plus négligé que dans celles dont je viens de parler. Cependant l'utilité d'une réglementation est reconnue et j'y ai constaté qu'anciennement cette question était généralement moins négligée ; on y trouve de vieux règlements tombés en désuétude, mais auxquels on sait encore recourir en cas de besoin. Ainsi à Thyl, en 1879, le maire, après avoir déploré devant moi, la négligence qui faisait délaisser l'étude et le soin des communaux et m'avoir dit : « Nous mettons autant de vaches dans nos pâturages qu'il y a de brins d'herbes, aussi nos vaches sont-elles maigres comme des clous et ne produisent rien », ajouta : « Cependant nous avons un règlement de 1732, et il y a deux ans nous y avons recouru pour dresser un procès-verbal contre un individu qui avait introduit ses vaches, quatre ou cinq jours avant le 6 juin, date fixée par l'usage. Il a été condamné. » En même temps le maire m'apprit qu'on projetait un règlement qui aurait pour base les taxes suivantes :

> 0 fr. 10 par tête de menu bétail hiverné.
> 1 00   —   —   étranger.
> 0 25 par tête de vache hivernée.
> 5 00   —   —   étrangère.

Dans la zone de la Maurienne, où nous sommes arrivés, le communal s'exploite encore plus qu'ailleurs au profit exclusif de la propriété particulière, c'est-à-dire de sa fumure par l'intermédiaire du mouton. Le pâturage des vaches devient plus rare dans le communal. A Valmeinier, par exemple, les vaches ne vont jamais dans le communal, celui-ci est le domaine exclusif du mouton, qui, il faut le reconnaître, s'y trouve fort bien traité. Il en redescend fin gras en automne tout prêt à figurer très honorablement à l'étal des boucheries de Lyon, de Genève ou de Turin. Cela prouve qu'il n'a pas trop couru à la recherche de sa nourriture, qu'il n'y a pas eu surcharge. On constate cependant que la production du communal s'affaiblit peu à peu. « Vous êtes attachés au mouton, disais-je un jour à Valmeinier ; la viande exquise que produisent vos herbages, les accidents extraordinaires de vos montagnes justifient cette préférence, soit ; mais au moins vos moutons parquent-ils dans le communal?» La question fut trouvée naïve. « Nos propriétaires, me répondit-on, ne sont pas si sots que d'y laisser leurs moutons pendant la nuit ; tous les soirs nous les ramenons sur nos prairies ou sur nos champs. » Telle est simplement la cause du dépérissement lent du communal.

Il n'y a naturellement que deux taxes dans la commune, elles sont de :

0 fr. 25 par tête ovine hivernée.
0 fr. 40 à 0 fr. 60 par tête ovine non hivernée.

La taxe annuelle varie dans ces limites, de façon à produire une perception totale de 1 000 francs. Nous avons encore constaté à Valmeinier un souci moindre des intérêts communaux présentement que dans le passé, car un ancien règlement ne donnait droit qu'au pâturage de trente moutons au plus par ménage. On craignait alors, au-dessus de ce chiffre, de dépasser les forces productives du sol, et à partir de en nombre la taxe s'élevait brusquement à 3 francs. En fait, cet article est abrogé, on prétend que la population a d'elle-même le sentiment de la modération. Ce n'est peut-être pas exact. Il y avait en 1881, lorsque nous avons visité la commune, plusieurs troupeaux très nombreux qui indiquaient des tolérances regrettables en faveur d'une minorité commerçante plus riche en argent qu'en terres, ce qui tend évidemment à démontrer qu'une portion plus ou moins grande du communal devient inutile en tant que communal, qu'elle pourrait être, par conséquent, vendue en toute justice, au plus grand profit de la masse des ayants droit et de l'amélioration des pâturages.

Voisine de Valmeinier, voici une commune qui m'a paru plus conservatrice, c'est Valloires. Le Valloirain est réputé dans toute la Maurienne pour sa finesse, son intelligence, son instruction. Il descend d'une peuplade sarrasine. Né à 1 500 mètres de hauteur, sur un territoire comprenant presque toute une vallée latérale de l'Arc, inclinée vers le nord, et incapable de nourrir toute l'année sa population de 1 300 âmes, chaque homme s'expatrie tous les ans pendant sept à huit mois, et lorsque tant d'autres échouent à l'extérieur, l'émigration rapporte ici, avec de l'argent, des idées de travail, d'ordre et de progrès matériel. Les premières maisons de commerce de plusieurs de nos grandes villes sont originaires de Valloires. Toute la France y est connue. Recommandez-y les pratiques pastorales du Jura, du Larzac ou du pays d'Auge, vous trouverez toujours quelqu'un qui les a admirées sur place, prêt à vous appuyer auprès de ses concitoyens. En proposant à Valloires toute espèce d'améliorations territoriales et économiques, on est donc sûr d'être écouté et compris, et avec un peu de persévérance, sûr aussi d'aboutir, parce que les capitaux n'y manquent pas. Je le dis en passant, si l'on veut un jour créer des exemples de perfectionnement pastoral en Savoie, c'est un des premiers points à choisir.

J'y ai trouvé un règlement en date du 16 février 1869. Certaine expression démontre, dès le commencement, qu'il n'a pas été rédigé par des gens étrangers à l'étude : Considérant, dit-il, que « la possibilité » des montagnes ne permet pas l'admission des bestiaux étrangers, et exige la réduction des bestiaux dits *de commerce*, le Conseil est d'avis, tout d'abord, d'exclure absolument des pâturages communaux tous les bestiaux de provenance étrangère et d'annuler les règlements antérieurs trop favorables à leur introduction. Il constate ensuite que le parcours d'animaux trop nombreux est plutôt désavantageux qu'utile, même à la génération présente ; qu'en effet, depuis quelques années, on remarque que les pâturages n'offrent plus de quoi nourrir les troupeaux que l'on y conduisait auparavant. Il édicte, en conséquence, une série d'articles dont on va lire le résumé :

Tout habitant payera 0 fr. 05 par bête aumaille hivernée chez lui, et 0 fr. 20 pour celles lui appartenant, mais qu'il n'a pas nourries toute l'année, jusqu'à concurrence de 20 bêtes ; passé ce nombre, on payera 5 francs par tête, quel que soit le lieu de l'hivernage. — Quant aux moutons : hivernés à Valloires, ils doivent payer aussi 0 fr. 05 l'un ; hivernés ailleurs, mais appartenant aux habitants, 0 fr. 10 ; jusqu'à 20 têtes également. De 20 à 40, la taxe devient de 0 fr. 50. Au dessus de 40, on payera 3 francs. — Cette taxe de 3 francs équivaut à une prohibition d'envoyer dans le communal plus de 40 moutons, car avec les méthodes zootechniques en usage dans le pays, à ce prix tout bénéfice est des plus aléatoires.

Si deux ou plusieurs particuliers s'associent pour l'exploitation d'une même propriété montagneuse, ils n'ont droit qu'aux nombres accordés à un seul ménage. — Il est interdit, pour éviter de payer les taxes élevées de 0 fr. 50 et de 3 francs, de faire répartir les animaux en excédent, au nom d'autres propriétaires qui ne profiteraient pas entièrement des tolérances admises.

Il reste à compléter ce règlement par l'indication des limites séparatives entre les pâturages à vaches et les pâturages à moutons. Mais
déjà cet acte l'emporte de beaucoup sur ceux qui l'ont précédé par la
limitation qu'il impose sur le nombre des animaux.

Mais un point toujours très faible, c'est la constatation des contraventions qui est confiée au maire et au garde champêtre, accompagnés d'un
délégué du maire. On reconnaît que les sages prescriptions du conseil
sont souvent enfreintes. L'un des administrateurs de Valloires me disait, il y a deux ans : « Malgré tout, nos communaux reçoivent toujours
beaucoup trop de moutons ; ce sera leur perte ; on élude nos articles,
faute d'une surveillance efficace ; nous avons créé des taxes qui s'opposent à la garde de plus de 40 moutons , mais si l'on en veut introduire
60, on en remet 20 à des compères ; le tour est joué et bien difficile à
constater pour nous. Parfois aussi des troupeaux cachés dans quelque
repli de nos vastes montagnes, y pâturent longtemps ignorés. Mais ce
n'est pas la fermeté qui nous manquerait ; un négociant d'une commune
voisine le sait bien ; en 1880, nous supposions qu'il faisait fréquemment
pâturer chez nous jusqu'à 400 moutons en délit. On a fini par en surprendre 180, pour lesquels il a payé par tête l'amende de 3 francs. » Le
montagnard dévoué, qui nous tenait ce langage, ajouta : « Il nous faudrait des fruitières pour encourager à remplacer les moutons par des
vaches, chose possible, sur une grande portion de nos beaux communaux. Alors, notre contrôle deviendrait infiniment plus facile et même
peu nécessaire en même temps que tout le monde y trouverait un immense avantage pécuniaire. »

Saint-Martin-la-Porte, en face de Valloires, sur la rive droite de
l'Arc, se soumet à un règlement qui date de 1826, revu et augmenté
en 1870. L'acte de 1826, approuvé par le Sénat de Savoie, fait ressortir
d'une façon frappante la nécessité d'une réglementation. Il expose que
faute d'ordre la commune ne retire aucun revenu de ses terrains ;
qu'étrangers et habitants, à la fois, en jouissent arbitrairement et abu-
sivement ; le plus habile est le plus favorisé ; que pour les communaux
situés au-delà du col des Encombres, le produit en est totalement perdu
pour les habitants, et qu'ils ne profitent qu'aux propriétaires de Belle-
ville, qui y envoient leurs troupeaux sans scrupule et les épuisent
avant que les habitants de Saint-Martin, empêchés de s'y rendre de
bonne heure par les neiges du col, puissent en user ; qu'en deçà du col,
il y a d'autres abus commis par les habitants eux-mêmes, les plus riches
y conduisent de nombreux troupeaux de moutons dans les sites les
plus fertiles et de plus facile accès, avant que l'herbe ait suffisamment poussé pour être broutée par le gros bétail, auquel ces pâturages devraient être exclusivement réservés ; il en résulte que, le
moment de l'inalpage des vaches laitières venu, celles-ci sont réduites
à la nécessité de fréquenter « les arêtes des monts et lieux dange-

reux, au risque de se précipiter », et les accidents sont fréquents.

Il fut arrêté qu'on n'admettrait plus d'animaux d'origine étrangère, sous peine d'une amende de 2 fr. 50 pour chaque poulain, cheval, jument, mule, mulet, bœuf, vache, taureau ou génisse, et de 1 fr. 25 par mouton, brebis, bouc, chèvre, agneau et chevreau, à moins d'une entente exceptionnelle avec l'administration locale ; qu'il serait défendu à tous, et en n'importe quel temps, de faire pâturer des troupeaux de menu bétail quelconque au-dessous de certaines limites naturelles qui sont nettement définies dans la délibération, et en dehors de quelques quartiers plus bas, devant servir de pâturages de la fin de l'hiver au 24 juin, date de l'ascension générale dans les chalets.

Le règlement de 1826 accorde la gratuité du parcours pour tout bétail hiverné ou acheté avant le 1er février, et en outre pour une vache, ou une chèvre, ou deux brebis non hivernées.

La reconnaissance du bétail hiverné doit être faite dans les écuries par un conseiller dans les dix premiers jours de février.

Toute bête aumaille de commerce, âgée d'un an et au-dessus, doit payer 1 fr. 50 ; de trois mois à un an, 0 fr. 25 seulement. En dessous de trois mois, gratuité ; mais il est interdit d'inalper plus de cinq veaux ou génisses, à moins de payer la même taxe que pour les animaux ayant dépassé l'année. Une amende de 2 fr. 50 par tête de gros bétail, et de 1 fr. 25 par tête de petit, est applicable aux contraventions.

Un second recensement doit avoir lieu en juin dans les chalets, par les soins de deux conseillers, afin de préparer la confection du rôle de répartition.

On décida encore que des fossés et des plantations de bornes indiqueraient sur le terrain les lignes séparatives entre les pâturages de moutons et les pâturages à vaches.

Enfin, l'on chargea de la poursuite des contraventions le syndic, après constatation faite par les gardes champêtre ou forestier ou deux témoins, par-devant le juge de paix ou à défaut le châtelain du lieu.

Cependant, en 1870, le conseil reconnut que l'ancien règlement laissait encore la porte ouverte à un trop grand nombre d'abus, qu'il y avait surtout urgence de réformer les taxes, attendu que certains particuliers se procuraient pour l'été de nombreux bestiaux étrangers, qu'ils faisaient paître sur le communal, au détriment des intérêts de la masse, en les faisant attribuer fictivement à d'autres, qu'il fallait ainsi infliger des peines conformes à la législation française. — Par délibération du 13 février, approuvée le 29 mars, les taxes suivantes furent arrêtées :

> 5 francs par bœuf, vache ou génisse.
> 1 franc par bouc, chèvre, mouton, brebis ou agneau.

Et il fut ajouté : que le droit d'exemption de taxe maintenu pour les animaux hivernés, serait en tout cas rigoureusement personnel et ne pourrait être l'objet d'aucune cession ou spéculation quelconque ; puis, que le maire déterminerait chaque année par arrêté, le conseil entendu, l'époque de l'ouverture des pacages et les régions où l'on jugerait à propos de diriger l'une ou l'autre espèce de bétail ; que toute contravention aux articles maintenus de l'ancien règlement, comme du nouveau, serait passible des peines portées à l'article 471 du Code pénal.

On m'a affirmé que ces modifications avaient produit un bon effet ; qu'aujourd'hui il n'y a plus dans la commune qu'un nombre insignifiant de spéculateurs sur les moutons, qu'on n'y trouverait pas en été plus de cinquante bêtes à laine dans une situation irrégulière.

A Mont-Denis, près de Saint-Jean de Maurienne, nous avons encore trouvé un vieux règlement. Il date du 24 mai 1818 et prescrivait déjà des taxes élevées ; il fixait aussi la saison du parcours du 6 juin au 29 septembre, des quartiers spéciaux pour les bœufs et les vaches, d'autres pour les moutons. Mais après le 14 septembre, ces derniers pouvaient aller partout glaner après les vaches. Une délibération en date du 29 juin 1854 l'a complété en assignant des montagnes spéciales aux bœufs, ce qui se justifie par cette raison que dans la localité les vaches descendent tous les soirs dans des chalets où on les trait, tandis que les bœufs ne quittent pas la montagne. Le pâturage des uns et des autres ne peut donc pas être conduit de la même façon. Mais dans chaque canton envisagé séparément il reste encore beaucoup à faire, à Mont-Denis comme presque partout d'ailleurs. « On ne forme pas de troupeaux communs ; j'admire, me disait le maire de cette commune en 1879, la réglementation telle qu'elle se pratique dans les belles montagnes particulières de la Tarentaise et c'est à celle-là qu'il nous faudrait arriver ; là-bas les troupeaux bien rassemblés parcourent, parcelle par parcelle, toute l'exploitation ; avec ce système, pas d'herbe perdue ni d'endroit qu'on ravage ; mais dans nos communaux c'est le contraire ; chacun voulant garder son bétail le conduit à sa guise ; il est même rare que deux ou trois particuliers s'associent pour faire garder leur bétail en commun. Aussi certaines parcelles sont-elles parcourues dix fois dans la saison, tandis que celles plus lointaines sont trop abandonnées. C'est le plus complet désordre. »

Dans la basse Maurienne, je n'ai plus rencontré de règlements aussi soignés que ceux qui précèdent ; cependant partout j'ai constaté une envie sincère d'amélioration et de réglementation et un esprit de réaction prononcé contre l'abus du mouton. Ainsi à Saint-Colomban, commune fort isolée au fond de la sauvage vallée du Glandon, on a commencé à faire des réformes en 1879. Une délibération de cette année interdit le pâturage de plus de quarante bêtes à laine hivernées ou non. Précédemment elles allaient au pâturage mélangées aux vaches, maintenant on leur consacre des quartiers spéciaux. Le maire qui m'apprit ces choses, ajouta : « Avec nos anciennes méthodes, nos vaches crevaient de misère, les brebis, en excès, mangeaient la meilleure herbe. Maintenant qu'on les envoie uniquement où les vaches ne peuvent aller, on en reçoit forcément moins ; mais notre sacrifice n'est qu'apparent, les vaches s'en trouvant mieux et nous donnant plus de produits. »

Une commune encore mérite d'être citée, c'est Bouvillaret, à l'extrémité inférieure de la Maurienne ; elle a proscrit complètement le pâturage des moutons et des chèvres de ses communaux. Les bœufs et les vaches seuls y sont reçus. Ils payent 1 franc et 0 fr. 50, s'ils sont de la commune ; 8 et 5 francs, s'ils sont étrangers. Mais, contrairement à ce qui se passe d'habitude, les particuliers reçoivent de bons exemples de la commune et eux en donnent de mauvais ; ils laissent dévorer par de nombreuses chèvres leurs propres taillis : ce qui reste de bois dans le bassin d'un petit torrent dangereux, le Vorgeray, est en train de disparaître de cette manière.

Un mot des parcours forestiers. Ils sont peu estimés. On s'en passerait volontiers, si l'on pouvait. Dans la haute Maurienne même, où sont les plus passables, ceux qu'abritent des massifs de mélèze, on n'en use que modérément. On nous a dit qu'aux environs du mont Cenis, où l'administration ouvre les cantons défensables du 15 mai au 1er novembre, on n'en profite guère qu'à partir du 12 juin ; puis du 28 juin au 4 juillet le bétail les abandonne pour se disperser, sauf des parcelles les plus élevées, que les bestiaux des pâturages voisins viennent pâturer de temps en temps.

Un certain nombre de communes louent aujourd'hui une bonne portion de leurs communaux. Les faits sont d'accord avec les théories économiques pour affirmer que cette exploitation est bien plus conservatrice que celle en commun, elle est donc à encourager, à multiplier autant que possible. Il n'y a d'ailleurs qu'exceptionnellement des obstacles à une réglementation parfaite des montagnes amodiées, notamment de celles qui le sont aux si redoutés moutons de Provence. Des difficultés, mais alors très sérieuses, n'existent que pour les pacages livrés aux bestiaux du pays, dont le nombre est déterminé principalement par des habitudes séculaires, ou les besoins vitaux de la population en laine, lait ou argent. Tandis que des clauses d'amodiation un peu plus serrées n'auront jamais tout au plus comme conséquence qu'une diminution de quelques centaines de francs du prix d'adjudication, inconvénient léger, toujours supportable. Une montagne louée à un seul individu reçoit chaque année deux mille cinq cents moutons ; on trouve qu'il y en a cinq cents de trop ; rien de plus simple que d'imposer cette réduction à un renouvellement de bail. Mais un pâturage est consacré à nourrir cinquante chèvres appartenant à cinquante ménages, on trouve qu'il y en a dix de trop ; qui est-ce qui subira cette réduction ? Comment la répartir ? L'affaire est plus délicate.

Voici les dispositions principales des cahiers des charges adoptés pour les pâturages amodiés de la Savoie :

La durée des baux est de neuf années. Les adjudications ont lieu aux enchères. Les adjudicataires doivent jouir en bons pères de famille et veiller à ce qu'il ne soit fait aucun empiètement ni usurpation. Ils jouissent de tous les bâtiments communaux existants, mais sont tenus de réparer les dégradations qui se produisent ; la commune délivre gratuitement les bois nécessaires pour cela. Les cahiers précisent ces réparations, quand il y en a de nécessaires au moment de l'adjudication. Les adjudicataires exécutent les réparations quand bon leur semble ; on exige seulement qu'elles soient faites à la fin du bail. Deux membres du conseil sont chargés de surveiller l'exécution des réparations, constructions ou améliorations réclamées, pourvu qu'elles ne soient pas préjudiciables à la commodité de l'exploitation ; les bâtiments une fois édifiés, deviennent propriétés communales. Les fermiers ne doivent entretenir, sur les pâturages loués, que la quantité de moutons nécessaire pour manger l'herbe des endroits complètement inaccessibles au gros bétail ; ailleurs, interdiction absolue de faire paître du menu bétail. Le bois de chauffage nécessaire à l'exploitation est délivré aux fermiers dans les forêts communales. Les adjudicataires sont tenus de faire parquer successivement leur bétail pendant la nuit, sur toutes les parcelles, dont la conformation topographique permet aux animaux de se coucher, et non dans les écuries des chalets, qui ne doivent être utilisées qu'en cas de mauvais temps. Deux conseillers délégués veillent à l'observation du cahier des charges.

Dans quelques communes, chaque famille doit fournir annuellement une journée de prestation pour la création de chemins destinés à l'exploitation des montagnes pastorales louées, ou autres travaux. Le conseil dirige l'emploi de ces journées.

Un des principaux motifs de l'infériorité des pâturages à moutons, nous l'avons dit déjà, consiste dans le défaut de parcage sur le terrain pâturé. Quatre-vingt-dix-neuf fois sur cent, tandis que les vaches couchent toujours (en Savoie du moins) sur la montagne qu'elles parcourent, les moutons sont ramenés tous les soirs sur des prairies particulières plus ou moins proches. Voilà donc d'une part des montagnes auxquelles on rend tout l'engrais correspondant à la nourriture qu'elles fournissent ; d'autre part, des montagnes qui n'en reçoivent que la moitié et qu'on appauvrit au profit de propriétés privées.

L'organisation du parcage est par conséquent un point capital à régler dans tous les baux. Il y a, c'est vrai, une grande difficulté, c'est que souvent, dans les montagnes à moutons, on ne rencontre que de loin en loin des endroits naturellement horizontaux et assez spacieux pour procurer aux troupeaux un coucher tranquille et satisfaisant leur besoin d'équilibre ; mais il serait facile de créer artificiellement de ces emplacements plats appelés aussi *chalets* dans certaines vallées, comme nous l'avons vu pratiquer d'ailleurs dans des pâturages à vaches bien soignés ; puis, on créerait à peu de frais un réseau de petits sentiers qui permettraient la diffusion de l'engrais ; on ferait ainsi du mouton, trop souvent agent de dégradation, un instrument de restauration et d'amélioration, ainsi que cela s'est fait du reste en certains pays, mais ailleurs que dans nos Alpes. Ecoutez Léonce de Lavergne parlant de l'œuvre de régénération du comté de Sutherland, « pays abominable où les fondrières sont encore plus nombreuses et les rochers plus décharnés que dans les contrées voisines, et qui n'est même plus pittoresque à force de désolation » (ne ressemble-t-il pas à bien des coins des Alpes ?) : à la suite de travaux intelligents, bruyères détruites, marais assainis, eaux distribuées le long des montagnes, « un gazon fin et serré couvrit les cimes les plus élevées comme les vallées les plus profondes. Ce gazon primitif, dont la mince couche n'aurait pas tenu sous les pieds d'animaux plus lourds, s'améliorait et s'épaississait tous les jours sous l'engrais qu'y transportaient d'eux-mêmes les moutons..... Admirable propriété de l'espèce ovine de se prêter à tous les sols et à tous les climats ! Le même animal qui fait la principale richesse de l'Arabe dans les déserts sablonneux du Sahara a permis de rendre profitables des rochers et des déserts qui touchent au pôle ! » Bien d'autres exemples démontreraient qu'il n'y a pas besoin de songer à chasser le mouton appelé à si juste titre *providence des sols pauvres*, des terrains trop accidentés pour que des vaches y pâturent tout à fait à l'aise, que par des mises en défens temporaires auxquelles s'ajouteraient le parcage pendant la nuit d'animaux pâturant le jour dans des parcelles en bon état, et en général l'interdiction absolue du parcage ailleurs que dans les périmètres réglementés, on créerait ainsi des pâturages en quelque sorte cultivés qui, au lieu de devenir la proie d'une dévastation systématique, finiraient par pouvoir supporter un nombre d'animaux plus considérable qu'aujourd'hui.

J'ai rapporté maintenant assez d'exemples pour faire ressortir l'esprit de sollicitude qui anime depuis longtemps la plupart des communes savoisiennes touchant leurs domaines pastoraux. Le passé facilitera assurément la tâche de l'avenir. Signalons en terminant les points principaux dont il reste à s'occuper.

Plusieurs des règlements cités contiennent presque toutes les dispositions imposées par la loi du 4 avril et le décret du 11 juillet 1882. Ils laissent à désirer, il est vrai, sur deux chefs principaux : la fixation numérique des animaux admissibles au parcours et la formation de troupeaux communs. Toutefois, en beaucoup d'endroits, l'absence de chiffres précis concernant la possibilité ne présente pas les inconvénients qu'on peut supposer ; lorsque, en effet, le bétail admis est restreint aux animaux nourris en hiver dans la localité, auxquels s'ajoute une quantité de bêtes étrangères limitée par des taxes progressives qui sont un obstacle aux abus, il y a en réalité un maximum déterminé. Et comme, dans nos hautes vallées, il n'y a peut-être pas une seule commune capable de nourrir en hiver une quantité de bétail proportionnée à l'étendue de ses pâturages d'été, si le chiffre du bétail étranger n'est pas bien élevé, la possibilité ne se trouve pas dépassée.

L'habitude de ne pas constituer de troupeaux communs dans les montagnes communales non louées est des plus regrettables. Au lieu de voir chaque centre d'exploitation partagé comme les alpages particuliers, d'après l'altitude, en trois divisions affectées, l'une au commencement de l'estivage, la seconde au milieu, la troisième à la fin, avec retour pendant les derniers jours sur la première division pour recueillir un regain, on voit des troupeaux multiples dépendant d'autant de petits chalets environnants, pâturant en désordre les parcelles qui conviennent à leurs bergers. Pour détacher les intéressés de cette habitude, il est évident que le moyen le plus efficace serait la formation d'associations laitières qui feraient travailler en commun les produits de tous les troupeaux réunis d'un même quartier. Les avantages que trouveraient les sociétaires dans cette organisation les attacheraient bien vite au système des aménagements réguliers. Un ancien maire de Beaune en Maurienne m'a affirmé que ces idées ne manqueraient pas d'adeptes. Je citerai encore l'opinion qu'il m'exprimait dernièrement : « C'est une calamité pour notre commune, qu'on n'y observe pas de règlement de pâturage. Aujourd'hui les animaux de toute espèce s'en vont pêle-mêle, tandis qu'un règlement assignerait à chaque espèce le quartier qui lui convient : aux vaches, les parcours faciles ; aux moutons et aux chèvres les sommités. Mais aujourd'hui que se passe-t-il ? Les premiers qui sont les plus voisins des habitations sont surchargés et les sommets sont abandonnés, on y voit souvent beaucoup d'herbes perdues. C'est absolument ce qui se passait aussi jadis dans nos forêts communales, on ruinait les plus rapprochées des villages, alors que les cantons éloignés conservaient indéfiniment un matériel surabondant. Malheureusement, il y a des opposants : ce sont ceux qui veulent éviter tous frais de garde, qui ne croient pas pouvoir mieux employer leurs enfants qu'en les chargeant de la surveillance de leur propre bétail, et les nombreux disciples de la routine. » Nous concluions ensemble à l'utilité de créer des fruitières, ce qui augmenterait considérablement la valeur du lait et permettrait par conséquent, non seulement sans sacrifices, mais encore avec bénéfice, aux pauvres comme aux gens aisés, de payer un personnel spécial et capable à la fois de diriger le pâturage en vue de l'amélioration progressive du sol et de tirer le parti le plus lucratif du laitage.

Mais si les meilleures intentions ont présidé à la rédaction de règlements écrits en Savoie, le zèle et l'attention des hommes les plus dévoués aux intérêts de leur commune, n'ont jamais suffi pour les faire appliquer. Le service champêtre a toujours été trop faible. De ce côté, la loi nouvelle, qui organise une surveillance indépendante et ferme en prêtant le concours des gardes forestiers, répond à un besoin impérieux. Cependant il ne faut pas s'exagérer les difficultés de cette tâche. Long-temps on a publié la nécessité de l'ingérence de l'administration des forêts dans la question des pâturages communaux ; maintenant qu'elle est obtenue, il n'est pas rare d'entendre dire : « Cette loi nouvelle est d'une application impossible, à moins que l'on n'augmente considéra-blement le nombre des gardes dans chaque pays de montagne, mais alors quelle dépense, quelle difficulté budgétaire ! » Tel n'est pas notre avis. La surveillance des pâturages est extrêmement facile et sans com-paraison avec celle des forêts : celles-ci sont tous les jours exposées aux attaques des délinquants ; il n'en est pas de même des pâturages. A jour fixe et invariable dans chaque commune, le bétail quitte les sta-tions d'hiver et va s'installer dans la zone pastorale : cela se passe dans le courant de juin, dans toutes les Alpes. A cette époque a lieu une transhumance générale de vallée à vallée, de commune à commune, ou simplement des villages aux sommets les plus voisins, mais une fois cette ascension opérée, les troupeaux ne bougent plus. Quelques jours après, puis par précaution, une ou deux fois dans le cours de la saison, on devra rigoureusement comparer les nombres de têtes introduites aux nombres permis. Mais il faut savoir qu'ensuite les délits, c'est-à-dire les changements dans l'organisation constatée une première fois, deviennent presque impossibles, précisément parce que chaque animal est à sa place, place à laquelle il a été destiné depuis plusieurs mois par une entente entre son propriétaire et celui qui va l'exploiter pen-dant un été. C'est si vrai qu'alors il n'y a plus d'échanges dans le pays, plus de foires, que celui qui perd une vache ne la remplace pas aisé-ment, que le touriste de passage ne trouve pas seulement, à son grand désappointement, une tasse de lait de vache dans les villages qu'il tra-verse. Parfois, on trouvera quelque troupeau nomade errant, en délit, d'un territoire à l'autre : c'est tout. Aussi, nous l'avons vu, les gens pratiques qui ont composé des règlements, prescrivent simplement deux visites de conseillers dans les pâturages entre la montée et· la descente du bétail. Mais aujourd'hui ces visites ne se font pas, tandis que nos gardes les feront. — Il y aura encore à surveiller les aménagements et les mises en défens. Pour les aménagements, ils doivent être princi-palement le résultat d'une influence morale de l'administration, d'ins-tructions pratiques qu'il faudra répandre, enfin des avantages pécu-niaires qui éclateront à tous les yeux dès les premiers essais. Une fois qu'on emploiera des bergers instruits et amoureux de leur métier, comme ceux des alpages particuliers, on observera tout naturellement es règles établies par l'aménagement. — Quant aux mises en défens,

leur surveillance sera des plus aisées. Une simple lunette ne permet-
tra-t-elle pas d'observer journellement, d'une foule de points, des surfaces considérables ? Avec cette aide, peu ou point de courses inutiles. Je
ne parle pas des pâturages de printemps : restreints à des cantons bas que
nos préposés voient ou traversent tous les jours en se rendant dans leur
triage, eux non plus n'absorberont pas beaucoup de leur temps. Nous
sommes donc d'avis que pas un garde de plus, qu'en exige une bonne
surveillance forestière proprement dite, n'est nécessaire ; qu'il sera
juste d'affecter un crédit additionnel à cette nouvelle charge de l'administration, mais qu'on ne saurait mieux l'employer qu'à augmenter le
traitement si insuffisant des gardes d'aujourd'hui ; grâce à cet encouragement, ils deviendront de bons gardes pastoraux et de meilleurs gardes
forestiers.

Nous avons exprimé, en commençant, l'opinion que tous les pâturages communaux réglementés devraient forcément être soumis de temps
en temps à des mises en défens partielles, ce traitement, que l'on s'est
plu, dans la discussion au Sénat, à qualifier si justement de curatif et
d'hygiénique. Il deviendra facile, nous le pensons, d'obtenir la libre
adhésion des communes à ces mesures de culture toutes différentes
sous le rapport des sacrifices de ces grandes mises en défens de 500,
1 000 et 1 500 hectares dont on a parlé à la tribune et qui ne peuvent
être autorisées qu'à la suite de formalités compliquées.

Mais si nous nous trompions, l'administration ne ferait-elle pas bien
de se mettre en droit d'imposer d'office cette méthode (au moins à titre
d'essai ou plutôt d'exemple sur quelques points), en soumettant les périmètres à réglementer aux formalités prescrites par le titre II de la
loi. Seulement on n'userait de la faculté de défense que sur des portions
très restreintes de l'ensemble, et successivement. Il y a tout lieu de pré-
sumer qu'au bout de la première période de dix ans, prescrite par la loi, les
communes chez lesquelles ce système aurait été expérimenté, en auraient
reconnu l'efficacité et en continueraient d'elles-mêmes l'application.

Le titre III de la loi a été conçu dans un but non de restauration,
mais préventif et de conservation. En l'envisageant ainsi, on est conduit à penser que l'administration comprendra peu à peu dans les futurs décrets annoncés par le premier déjà paru, toutes les communes
appartenant aux grands bassins torrentiels, sans en négliger aucune.
Une surveillance générale paraîtra d'autant plus rationnelle que rien
n'est moins probable que la diminution du bétail du pays, par suite de
la suppression de certains parcours englobés dans des périmètres de
reboisement ou de mise en défens. Non. Les animaux chassés d'un
endroit iront tout simplement chercher un pâturage dans une autre
commune, qui les recevra. Une interdiction quelque part peut donc
produire une surcharge ailleurs. Finalement on reconnaîtra qu'à cet inconvénient inévitable, dans les pays de transhumance, il n'y a qu'un

remède vraiment topique, c'est d'accroître par des procédés de culture intensive la production des pâturages laissés à la libre jouissance du bétail, et des prairies ; c'est, en un mot, au lieu de viser à abaisser le nombre des animaux au niveau de la production actuelle, de tendre à élever celle-ci à la hauteur des ambitions légitimes de la population alpine.

Si l'on adoptait ces idées, il nous semblerait, toutefois, essentiel que l'on ne procédât pas avec précipitation. Il est incontestable que les pâturages communaux s'appauvrissent, mais ce n'est que lentement, et personne ne saurait démontrer que leur dégradation se produit assez rapidement pour qu'il y ait péril à retarder de quelques années pour mieux faire, l'intervention administrative, n'importe où. Il faut donc prendre le temps de créer des exemples capables de séduire et d'entraîner par l'évidence d'avantages immédiats à retirer de la réglementation, les administrateurs communaux. L'avenir de l'œuvre en dépend. Pendant une période d'une dizaine d'années, et plus peut-être, certaines communes prises, parmi les localités qu'on insérera dans les décrets en vertu de mises en défens, ou de reboisements, ou d'engagements volontaires (1), et choisies après une étude sur les lieux des hommes et des choses, une par arrondissement, ou par inspection, ou par canton, devraient être l'objet de soins spéciaux de la part de l'administration. Les autres seraient provisoirement maintenues dans le *statu quo*. Quelles communes choisir ? Evidemment celles situées en haut des vallées; elles réunissent, en effet, divers avantages très marqués : de vastes cirques de montagne étagés des bords de la rivière aux glaciers, qui différemment exposés, offrent des ressources spéciales à chaque saison, de belles eaux en abondance surgissant des sources, des lacs, des neiges éternelles, pouvant être captées de tous côtés et conduites partout par des canaux peu coûteux. C'est donc là qu'on trouve le plus de ressources propres à l'enrichissement et à l'aménagement des prairies, de ces améliorations et de ces compensations bien connues de l'administration des forêts, à offrir à la population, en échange de sa résignation, à se laisser guider par elle. C'est toujours là aussi, tout Alpiniste le sait, qu'on rencontre les populations les plus énergiques, les plus intelligentes, les plus désireuses du mieux.

Voilà, pensons-nous, des moyens certains d'assurer le succès, de conquérir la confiance et le concours sympathique des communes, concours sans lequel, on est obligé de le reconnaître, en raison du texte peu rigoureux de la loi et de l'esprit libéral du temps, en matière d'administration communale, il est impossible d'aboutir aux grands résultats que conçoivent, et espèrent d'une gestion plus parfaite, ceux qui se

---

(1) Engagements prévus par l'article 230 de l'instruction générale sur la restauration et la conservation des montagnes du 12 décembre 1882.

préoccupent en vue de l'intérêt public et du bien-être des populations locales, de ce vaste domaine herbeux qui recouvre 500 à 600 000 hectares des Alpes françaises.

Suivre cette marche serait aussi réaliser, dans la question pastorale, la pensée si juste qu'exprimait, en 1860, M. Vicaire, à propos du reboisement : « Pour que le projet sur le reboisement des montagnes réussisse, il faut lui faire une popularité. »

Août 1883.

LES ACQUISITIONS DE TERRAINS COMMUNAUX

ET LE RÉGIME FORESTIER DANS LES ALPES.

L'obligation d'acquérir les pentes à reboiser pour cause d'utilité publique, imposée à l'Etat par la loi du 4 avril 1882, a pour motif d'investir l'administration forestière seule de la gestion de ces terrains, afin que désormais elle n'ait à redouter aucun conflit avec les communes au sujet du mode de jouissance dont ils seront l'objet, et qu'elle garantisse, par là même, indéfiniment l'effet des travaux de restauration qui seront accomplis.

En vertu de ce principe, ce qu'on prendra on le payera, a-t-on dit au Sénat, lors de la discussion de la loi, par conséquent plus d'intérêts privés ou communaux immolés. Et l'on a ajouté : « Nous avons dans la montagne des torrents qu'il faut absolument éteindre. Dans les bassins de ces torrents, il ne s'exerce aucun pacage ; il n'y croît point de bois, c'est là précisément qu'il faut que nous arrivions à établir des barrages, consolider des berges, semer, planter. » Ceci n'est pas très exact. Quelque restreints que soient les espaces à acquérir, il n'y a pas de bassins torrentiels qui ne contiennent des pâturages plus ou moins dégradés, et qui jouent, malgré leur détérioration, dans l'existence des populations voisines, un rôle qu'on ne saurait négliger. On y trouve quelquefois des champs, d'autres fois des gazons ou des bois qu'il faut cependant bien englober, pour ne pas trop s'écarter des règles les plus élémentaires relatives au tracé des périmètres ayant pour objet la régularisation des torrents.

Les anciens périmètres visés par les dispositions transitoires de la loi, très largement tracés, il y a vingt ans, seront probablement un peu rétrécis. Mais les nouveaux retrancheront toujours forcément quelque chose des ressources vitales actuelles de la population. Reste à savoir si de simples indemnités pécuniaires, remises sans aucun souci de leur futur emploi, seront propres à compenser, en tout cas, les sacrifices en nature qu'on sera contraint de lui demander. Notre connaissance des

dispositions intimes des habitants des Alpes et des luttes de leur intéressante existence nous porte à en douter.

Dans l'œuvre du reboisement, on n'a pas encore assez généralement
obtenu le concours si enviable, indispensable même, des populations.
Aussi, la recherche des moyens de vaincre les résistances matérielles
et morales qu'elles opposent, s'impose-t-elle à l'administration. Il faut
absolument qu'elle en triomphe pour parvenir à donner à cette grande
et patriotique entreprise toute l'extension désirable.

Tous les projets de reboisements obligatoires doivent être soumis à
une série d'examens sérieux, du premier au dernier échelon, de nos
assemblées délibérantes, des plus petits conseils municipaux de nos
montagnes au Parlement. Ces précautions, prises par le législateur,
n'impliquent-elles pas le vœu, de sa part, d'un accord parfait entre l'administration et l'opinion locale ?

Ne disons donc pas : les communes et les particuliers seront néces-
sairement obligés de céder à l'État tous les terrains qu'il envie, car
rien n'est moins sûr. Il est plus probable qu'à la suite des enquêtes
légales les objections des montagnards seront écoutées avec bienveil-
lance par les assemblées électives et qu'en leur présence l'intérêt général risquera fort d'être plus ou moins sacrifié, sous forme de restrictions
dans l'étendue des périmètres, à moins que l on ne se soit à l'avance
préparé à démontrer, aux commissions d'examen et aux propriétaires
à déposséder, la possibilité d'améliorations agricoles compensatrices
qui réduiraient à néant toute difficulté.

La nature de ces compensations devra varier évidemment avec chaque
périmètre. Il y a de terribles torrents dont les bassins se trouvent
encore en partie boisés ; seulement, les parcelles forestières y sont
interrompues par des ravins nombreux s'embranchant au thalweg,
comme les feuilles d'une fougère à sa tige. Impossible de se contenter
de périmétrer ces ravins seuls ; on les enveloppera dans une large zone
de bois qui encadrera tous les endroits dégradés. Mais, si ces bois
sont exploités en coupes affouagères, croit-on que la commune s'en
dépouillera volontiers ? Ce cas se présentera souvent dans nos Alpes du
Nord, où les abus de pâturages ont été moins désastreux que dans celles
du Midi, mais où autrefois des coupes à blanc ont créé une grande quantité de ravinements dangereux. Ce n'est pas seulement, on le voit, à
propos de privations de pâturages qu'il est désirable de pouvoir préparer dans les Alpes des réformes économiques capables d'introduire une
vie rurale nouvelle, fondée sur le développement de ressources plus
abondantes. Quand il s'agira d'acquérir des forêts ainsi situées, c'est
par des créations de chemins qui favoriseraient le commerce forestier,
l'introduction de bois du dehors ou simplement les approvisionnements
dans des séries plus éloignées que les anciennes, qu'on trancherait les
difficultés.

Mais bornons-nous à l'étude du cas le plus général, celui où les acquisitions entraineront des privations de produits agricoles quelconques et plus spécialement de pâturages.

Bien des fois nous avons eu l'occasion de constater l'attachement des montagnards alpins aux parcelles les moins productives de leurs territoires. En m'occupant de périmètres en Savoie, j'ai partout entendu exprimer des sentiments qui peuvent se traduire ainsi : « Nous consentirions volontiers à certains reboisements, mais à la condition que le sol nous soit toujours conservé. Peu nous importe que la caisse municipale reçoive de l'argent. C'est du communal qu'il nous faut ; nous n'en aurons jamais assez. » Ce langage est sincère, c'est pourquoi nous avons peine à nous imaginer que le payement, même très large, des fonds à reboiser suffise à satisfaire le pays. L'argent concilierait tout dans des contrées d'échange et d'industrie avancés, dont la population serait apte à transformer d'elle-même et de suite en instruments de travail les capitaux versés. Mais ici le cultivateur ne s'applique qu'à vivre du fruit de son petit domaine, aidé de ces productions spontanées du communal, que les économistes ont si justement classées sous le titre de *subventions*. Il a besoin d'être au moins guidé dans la façon de faire fructifier les sommes qu'il recevra. Des acquisitions sans compensations de nature analogue à ses pertes ne lui font entrevoir que des troubles dans sa vie tranquille, des privations nouvelles dans une existence déjà très rude et très sobre. « L'argent, nous craignons de le voir perdu ou gaspillé par la commune, disent-ils encore ; l'herbe dont se nourrissent nos chèvres, nos moutons et nos vaches nous est vraiment plus profitable ; au moins sommes-nous sûrs (ils le croient) d'en passer la jouissance à nos enfants. » Toutefois il y a un parti admirable à tirer de cette affection, très conservatrice au fond, du paysan pour la terre. Il faut le transformer en esprit d'amélioration, en lui enseignant à obtenir plus sur des surfaces moindres. On harmonisera ainsi les moyens d'existence avec la nécessité de créer de nouvelles forêts, de laisser reposer les pâturages dégradés.

Il y a plusieurs années, un maire de la Maurienne, que le hasard me fit rencontrer loin de chez lui, me signala un torrent redoutable ; il menace un village populeux ; à plusieurs reprises il a barré l'Arc ; en 1866, il forma, en travers de cette rivière, une digue qui détermina un immense lac en amont, et dont la rupture fut ensuite la cause d'une inondation générale de la vallée, et dont les dégâts dépassèrent un million. Le maire nous dit que le reboisement serait parfaitement accepté de ses concitoyens, qu'il était même vivement désiré par eux. Depuis, ce torrent fut étudié ; mais, à peine les opérations géométriques se trouvèrent-elles terminées, que, dans une lettre adressée à l'autorité supérieure, le maire crut devoir s'empresser d'exprimer l'inquiétude de ses administrés en ces termes : « Le conseil est disposé à vendre une lisière d'environ 10 mètres de largeur... le long du ruisseau... mais il ne pourra jamais consentir à exclure les générations présente et future de l'usage des bois et pâturages publics à une plus grande distance du ravin exposé à corrosion : des bois, à cause des cas d'incendies et de réparations des bâtiments ; des pâturages, parce qu'ils sont la principale et presque unique ressource de l'existence de tous les ménages de ce pays montagneux. » Voilà comment des communes, qui se considèrent comme des mieux disposées, comprennent la confection d'un périmètre d'extinction. Un liseré de 10 mètres autour du torrent !

Sans doute, les propriétés particulières comprises dans les berges ou limitrophes de celles-ci seront-elles cédées plus volontiers ? Oui ; cependant on est sujet aux illusions à cet égard. Le montagnard alpin tient énormément à son petit domaine, quelque modique qu'en soit le revenu, d'autant plus que le sol de qualité passable manque réellement à la demande ; ce qu'on lui enlèvera, il ne trouvera pas à le remplacer aisément. Les moindres parcelles dont la vente est occasionnée par des circonstances fortuites trouvent rapidement acquéreur. Même quand elles ne rendent pas de profit net et que le fonds suffit à peine à l'entretien du cultivateur et de sa famille, la concurrence en élève fortement les prix. Dans un pays où fermer sa porte pendant les heures de travail au dehors passe pour un acte de méfiance grossière à l'égard de ses voisins qu'interdit la civilité locale, où les couvertures des habitations sont en chaume ou en bois, où, à chaque instant, les journaux vous apprennent l'incendie de villages entiers, on comprend que l'habitant ne professe pas un goût prononcé pour les valeurs mobilières ; des titres lui seraient un embarras et une source de perpétuel souci. Il préfère ses champs. D'après la statistique des chemins de fer, les voies construites en Savoie figurent parmi celles qui ont entraîné les expropriations les plus coûteuses ; on y relève les chiffres de 15 000, 19 000, 24 000 et 30 000 francs par hectare. C'est effrayant ! Les terrains qu'elles occupent sont loin cependant d'être des plus productifs. C'est l'amour du sol, poussé à ses dernières limites, qui a déterminé ces prix. Lorsqu'on vend un domaine un peu important, des amateurs, venant des communes où l'émigration réussit et amène de l'argent, se pressent chez le notaire. C'est ainsi qu'en Maurienne presque toutes les fermes d'une certaine valeur, en aval de Saint-Michel, appartiennent aux habitants de Valloires, dont nous avons déjà parlé des succès commerciaux à l'extérieur.

Cet opiniâtre attachement à la terre de notre paysan des Alpes, Sainte-Beuve l'a bien analysé dans une étude sur Virgile, à propos de la première églogue du poète « ... cette médiocrité rend tout mieux senti et plus cher, parce qu'on y touche à chaque instant la limite, parce qu'on y a toujours présent, le moment où l'on a acquis et celui où l'on peut tout perdre ; non que je veuille prétendre que les grands et les riches ne tiennent pas également à leurs vastes propriétés, à leurs forêts, leurs chasses, leurs parcs et leurs châteaux ; mais ils y tiennent moins tendrement en quelque sorte que le pauvre ou le modeste possesseur d'un enclos, où il a mis de ses sueurs et qui y a compté les ceps et les pommiers ; qui a presque compté à l'avance à chaque récolte ses pommes, ses grappes de raisin bientôt mûres, et qui sait le nombre de ses essaims... Ce petit domaine... nous le voyons, comme lui, et nous nous écrions avec lui dans un même déchirement, quand il se voit en danger de le perdre : ... *barbarus has segetes !* » Nos montagnards auraient mauvaise grâce à aller jusque-là, il y a loin des iniques confiscations d'Octave aux opérations des jurys agissant au nom de la loi du 3 mai 1841. Leur sort est cependant digne d'attention. Qu'une loi somptuaire essaye de limiter les consommations de luxe des classes riches, quelles plaintes bruyantes ne provoquera-t-elle pas ! L'avenir du travailleur alpin serait-il moins touchant, lorsqu'on lui demande de renoncer au terrain qui entretenait ses chèvres nourricières et quelques brebis, dont la laine vêtait sa famille ? Pour le consoler, on lui explique que c'est en vue de l'intérêt général. Mais il n'y est pas sensible, et à cela rien d'étonnant, sa position, il le sait, étant inférieure à celle de tous les propriétaires des vallées et des plaines qu'il s'agit de protéger. En retour, n'a-t-il pas droit à tous les encouragements susceptibles de soutenir ses ressources ? La moindre amélioration d'ailleurs le satisfait. Un riverain d'un torrent m'exposait, il y a quelque temps, que tout son avoir est situé dans les berges de ce torrent, ou consiste en terrains menacés par leur propre écroulement, et déjà crevassés par l'effet des corrosions. Malgré cette situation, il se verrait, disait-il, dépouillé avec peine et ses voisins aussi, en raison de la luzerne qu'on commence à répandre dans ces mauvais terrains et dans laquelle ils entrevoient une restauration lucrative.

Il est bon qu'on connaisse ces sentiments des particuliers. Quoique exagérés, ils sont de nature à impressionner les jurys d'expropriation d'une façon défavorable aux intérêts de l'Etat, et doivent incontestablement engager l'administration à se préparer à combattre cet effet par des recherches d'innovations rurales qu'elle encouragerait par quelques libéralités.

Mais d'autres motifs plus puissants, de l'opportunité d'étudier les améliorations agricoles possibles dans les communes à reboisements, vont ressortir de plusieurs circonstances sur lesquelles nous allons nous étendre.

La première, c'est que les acquisitions ne doivent intéresser très souvent que des portions de commune.

Il y eut, lors de la discussion de la loi, désaccord entre la commission du Sénat et M. le sous-secrétaire d'Etat, représentant le gouvernement, relativement à la répartition de l'indemnité due, dans les cas, de mises en défens prescrites par l'article 9 de la loi. M. le sous-secrétaire d'Etat voulait faire attribuer entièrement aux caisses municipales les indemnités à allouer. Le principe du partage de ces indemnités entre les communes et les habitants privés d'une jouissance pastorale, défendu par la commission, a fini par prévaloir. Ce fut heureux. Il ne pouvait, en effet, en être autrement dans la pratique sans injustice criante. Les orateurs ne sont pas parvenus, cependant, à se convaincre réciproquement, parce que la véritable justification d'une telle répartition n'a pas été mise en lumière. Les partisans des idées du gouvernement ont paru supposer qu'il s'agissait, par le partage en question, d'indemniser les gens riches ou aisés, propriétaires des troupeaux les plus nombreux. Dans certaines limites, cela ne serait pas illogique. Presque partout le droit au communal est proportionnel au montant des contributions directes, c'est-à-dire en définitive, à l'étendue des propriétés de chacun. Nous l'avons déjà fait remarquer dans d'autres études : aux propriétaires principaux de la plaine, il faut pour fumer leurs domaines plus de bétail, partant, plus de parcours qu'aux petits possesseurs d'un champ misérable. C'est une nécessité agricole. Mais nous n'insisterons pas sur ce point. Un argument topique résulte des dispositions topographiques du pays, et des usages séculaires qui en ont découlé. En jetant simplement les yeux sur les cartes des Alpes, on y voit une quantité de communes à territoires immenses renfermant un nombre considérable de hameaux; on en compte jusqu'à vingt et plus, dans les mieux peuplées. De là, des intérêts très divers et particuliers à toutes ces agglomérations qui se trouvent séparées les unes des autres par des accidents de terrain très prononcés : torrents, précipices, rochers, crêtes ou contreforts, tous obstacles qui, vu le manque de chemins, empêchent la facilité des communications. Si donc, une portion de pâturage est mise en défens, ce n'est, le plus souvent, qu'un ou plusieurs hameaux situés dans le même vallon qui se trouveront privés, et non tous les habitants de la commune. Il est, dès lors, de la plus élémentaire équité de leur abandonner les indemnités légales tout entières, défalcation faite seulement du montant des taxes que percevait la caisse municipale.

Et si la privation au lieu d'être temporaire devient définitive, par suite d'acquisitions ou d'expropriations, *à fortiori* les hameaux qui jouissaient, doivent-ils recevoir des indemnités particulières. Dans les grandes communes, à chaque hameau l'usage a affecté un canton forestier et un pâturage spéciaux pour le desservir, et cela depuis leur formation, car il est visible sur le terrain qu'il n'a pu jamais en être autrement. Il n'est donc pas admissible que le prix d'acquisition d'une portion ou de la totalité d'un bassin torrentiel appartenant à une commune composée de cinq hameaux par exemple, expropriation qui pourrait ne priver qu'un hameau seulement de son pâturage habituel, ne profite à celui-ci que pour un cinquième, quand les quatre autres ne subiront aucune gêne. Les règlements de pâturage de certaines communes qui prescrivent des mas déterminés pour chacune de leurs agglomérations viennent à l'appui de ce que j'avance.

Un livre de M. AUCOC, *Des sections de communes et des biens communaux qui leur appartiennent*, développe d'une manière très détaillée la jurisprudence applicable aux cas de cette espèce. C'est une thèse de près de six cents pages, des plus favorables aux sections des contrées montagneuses, conforme en tous points aux principes que font désirer voir adopter les études sur les lieux.

Qu'il nous soit permis d'analyser quelques-uns des faits et des développements que nous y avons trouvés.

Tout le monde s'accorde à appeler *section* une portion de commune ayant le privilège de posséder un adjoint spécial chargé de remplir les fonctions d'officier de l'état civil. Mais il existe des sections d'un autre genre. Ce sont celles auxquelles on se trouve conduit à reconnaître des droits spéciaux sur les biens communaux, quand une occasion quelconque se présente de vider des questions d'usage et de propriété. C'est ainsi qu'on est arrivé sur 252, 260 et 443 communes comprises dans le Cantal, la Haute-Loire et le Puy-de-Dôme, à constater l'existence de 2 878, 2 952 et 4 596 sections.

Ces droits propres des sections remontent à leur origine. Les communaux les plus anciens sont des terrains réunis en société pour la nourriture des habitants à l'époque gallo-romaine. Suivant Isidore de Séville, ceux qui procédèrent au premier partage des terres eurent ordinairement soin de laisser les pâturages dans l'indivision. Les nécessités de l'agriculture des temps primitifs en faisaient une impérieuse obligation. A l'époque barbare, les biens communs étaient protégés par le pouvoir royal ; mais celui-ci transforma insensiblement son droit de protection en droit de propriété et légua ces terres aux seigneuries qui se formèrent et aux moines qui les défrichèrent. Ainsi disparut une première fois la plus grande partie des communaux. Plus tard, les paysans se groupèrent autour de quelque chef puissant, des églises, des monastères, abbayes, des moulins ou granges seigneuriales, attirés par des privilèges concédés à titre onéreux ou gratuit. Toutes les chartes de commune contiennent des concessions de pâturages : « Il n'est quasi point de village en France, qui n'ait des usages appelés *communes, parcages et communaux*, dit Legrand dans son commentaire de la coutume de Troyes... Ces usages appartiennent, *ut singuli*, à chaque habitant en particulier pour en jouir sans que la communauté puisse les vendre, bailler en ferme, ou à louage... En ce faisant, chaque particulier serait frustré dans son droit d'usage. » Ce passage d'un ouvrage publié en 1661, nous paraît tout en faveur du fractionnement des indemnités, en cas d'expropriation de terrains communaux. Une troisième origine est à citer : le fait qui se produisit dans les sociétés primitives, se renouvela au moyen âge sur une large échelle. Des paysans unis par des liens de voisinage réunirent, en vue d'une exploitation commune et plus facile, des pâturages qu'ils possédaient isolément. Une foule de noms de lieux précédés de l'article *les* représentent encore les traces de ces associations (1).

Par conséquent, les communaux actuels dérivent de trois sources : attributions de terres vacantes aux municipalités gauloises, concessions des seigneurs féodaux, propriétés indivises des communautés agricoles du moyen âge.

Dans le second cas, le plus fréquent, et dans les pays de montagnes surtout, où les habitants devaient être forcément très disséminés, les seigneurs durent faire leurs concessions au profit exclusif de chaque village.

Les textes d'un grand nombre de coutumes établissent que les pâturages se limitent par village, et ne laissent aucun doute sur le droit de propriété exclusif des agglomérations qui en avaient la jouissance.

« En 1843, un membre du conseil général du Puy-de-Dôme soutint, sans trouver de contradicteur, que les communaux appartenant à des sections de commune étaient bien plus nombreux dans le département que ceux appartenant à des communes entières. » La même opinion fut professée au conseil de la Haute-Vienne en 1846 et 1857. On y soutint même que nulle part les communaux du pays n'appartiennent à des communes entières et qu'ils ne sont pas autre chose que des propriétés indivises entre les habitants des villages qui en profitent.

La législation antérieure à 1789 reconnut déjà à des fractions de territoires communaux, non seulement des droits d'usage, mais des droits à la propriété des pâturages.

Depuis, les groupements de villages en une seule commune ont été encouragés par le gouvernement, notamment par la loi du 20 août 1790, dans un but de simplicité pour l'administration, d'économie pour les contribuables. Après 1830, on réduisit parfois de trois cents le nombre des communes d'un même département. Bien des villages qui avaient anciennement dépendu de différents fiefs furent réunis. Ces modifications expliquent encore les intérêts divers que l'on peut constater aujourd'hui sur un même territoire, mais elles n'ont en rien détruit évidemment les droits propres à chaque agglomération.

La loi du 10 juin 1793 établissait que les habitants avaient droit à leur partage. « Les possesseurs, dit M. Trolley, dans son *Traité de la*

---

(1) Sur les cartes des Alpes, dressées par l'état-major, on relève par centaines des noms de familles donnés à des chalets avoisinant des communaux, hameaux ou villages, particulièrement sur celles intitulées : *Annecy, Grenoble, Gap, Die, le Buis.* Sur les autres cartes, le même article se retrouve non moins souvent, mais détermine des mots qui rappellent plutôt des accidents du sol.

hiérarchie administrative, n'auraient pas pardonné à la Révolution de les dépouiller au nom d'un principe : pour les masses, le fait, c'est le droit. » Or, les faits sont encore les mêmes aujourd'hui ; la loi du 4 avril 1882 doit donc être exécutée dans ce même sens, qui se trouve d'ailleurs consacré par la jurisprudence de la Cour de Caen.

Le Code civil, étant muet sur les sections, ne fournit aucun argument ni pour ni contre. Mais le Code sarde, quoique calqué sur le nôtre, n'a pas laissé subsister cette lacune. Son article 134 est ainsi conçu : « Les biens communaux sont ceux dont la propriété appartient à une ou plusieurs communes ou à une section de commune et au produit et à l'utilité desquels ont droit les individus composant la commune ou la section. » Cette définition n'aurait-elle pas été inspirée et reconnue nécessaire précisément par le grand nombre des villages à intérêts divers, constaté par le législateur piémontais sur les versants des Alpes, de Savoie et d'Italie ?

Les territoires des sections n'ont pas « d'assiette certaine et officiellement déterminée » comme ceux des communes. Mais « la qualité de section, dit M. Aucoc, appartient par la force des choses et indépendamment des actes administratifs à toute société d'habitants unis par des intérêts privatifs ». D'après un arrêt de la Cour d'Orléans, il faut et il suffit pour les villages de justifier « que les biens étaient par eux possédés exclusivement et qu'ils avaient à cet égard une existence distincte et indépendante de la commune ». Les titres manquent le plus souvent en raison de l'époque reculée de leur délivrance, des ravages commis dans les archives seigneuriales et de la mauvaise tenue de celles des communes, si bien que la plupart des sections se trouveraient supprimées, même celles qui sont incontestablement reconnues, si l'on exigeait des titres d'elles. Mais, « quand un communal est près d'un groupe d'habitations et isolé du reste des propriétés communales, tout porte à penser qu'il appartient exclusivement aux habitants du village. » Cet isolement, dont parle M. Aucoc, se rencontre à chaque instant dans les Alpes, il apparaît sur tous les plans qui rendent le relief du sol. Dans ces montagnes, les parcelles ne se touchent qu'en apparence sur les représentations planimétriques, mais mille accidents de terrain les séparent et les isolent en réalité.

M. Aucoc admet comme signe caractéristique d'un certain nombre de sections différentes, la multiplicité des coupes affouagères. Il a raison. Etant donné que cette multiplicité est un obstacle à l'application des principes généraux de l'art forestier, il est certain que, quand l'administration l'accepte, c'est qu'elle s'y voit forcée pour des raisons majeures. Il cite la Haute-Savoie où les états d'assiette indiquent pour une seule commune jusqu'à trente et une sections. En Savoie, il y a une commune où l'on délivre vingt coupes. Quant aux assiettes, au nombre de cinq à neuf par commune, elles sont très nombreuses.

Il est établi enfin que « les sections ont un droit exclusif au produit de la vente de leurs biens propres », et que les prix de vente doivent être employés à leur profit particulier. Cela résulte des articles 5 et 6 de la loi du 18 juillet 1837, des traditions de l'administration et de la jurisprudence du conseil d'Etat. Malgré la difficulté de la diversité d'emploi des fonds, la loi n'a pas voulu anéantir les droits des sections, et si cela eût été possible, « cela n'eût été ni sage ni juste ».

On aurait pu également reproduire au sujet de la loi du 4 avril 1882 des extraits des rapports et discours de M. du Miral publiés à l'occasion de la loi du 28 juillet 1860, sur la mise en valeur des terrains incultes. Ces documents font ressortir que la constitution géologique et orographique et l'infertilité du sol dans près de trente départements, devaient avoir pour conséquence fatale le régime pastoral, la dispersion des habitations, la création de nombreux hameaux. Dans ces pays, « les pâturages communaux n'appartiennent pas à la commune entière, mais, sauf de bien rares exceptions, aux sections qui les composent ». Et en cas de vente, si l'on en versait le prix à la caisse municipale, ce serait « une véritable spoliation, une perturbation agricole sans excuse... Aucune mesure dans les pays pastoraux ne saurait être plus inique, plus antiagricole, plus impopulaire, plus révolutionnaire dans le mauvais sens du mot... »

On admettra volontiers ces principes, on reconnaîtra que souvent, dans l'application de la loi du 4 avril 1882, deux parts devront être faites en cas d'acquisitions : l'une, capitalisant la taxe pastorale due évidemment à la caisse municipale ; l'autre, capitalisant la différence entre le revenu réel du pâturage et la somme des taxes dues par le hameau intéressé, et attribuable à celui-ci. Il y aura des villages, par conséquent, qui recevront pour leur propre compte jusqu'à 10 000, 15 000, 20 000 francs. Qu'en feront-ils ?

Poser cette question suffit pour démontrer à quel haut intérêt se rattacherait une étude des ressources pastorales locales, qui suggérerait aux villages indemnisés l'emploi le plus fructueux des sommes mises à leur disposition, qui leur enseignerait à faire surgir des terres laissées à l'usage des habitants, propriétés particulières ou portions de l'ancien communal, des ressources de même nature, mais supérieures à celles enlevées. Je ne citerai pas d'exemples, mon intention n'étant pas de faire de cet article une statistique, mais je ne crains pas d'affirmer que, sur tous les territoires sectionaux des Alpes, il y aurait à exécuter des mises en valeur capables d'engendrer les plus merveilleux résultats. Ce serait des canaux d'irrigation, colmatages, conquêtes en plaine sur les bords des rivières, extension de prairies artificielles, fruitières d'hiver et d'été, etc. Il suffit d'avoir gravé dans l'esprit le type des pâturages alpins susceptibles d'être englobés dans les périmètres pour se rendre compte qu'un seul hectare de prairies créé en plaine en vaudrait 50, 100 et plus d'enlevés dans la montagne. Nous sommes encore absolument convaincu que ce système serait, en dernière analyse, économique pour l'Etat, parce qu'il rendrait les jurys d'expropriation favorables aux évaluations de l'administration. Leurs membres seraient reconnaissants envers elle, une fois convaincus de ses efforts pour améliorer en tous points la position de nos montagnards.

Si, contrairement à nos prévisions les prix d'acquisition doivent entrer dans les caisses municipales entièrement, il sera plus à propos encore d'enseigner à ceux qui seront le plus atteints par la diminution du communal, le moyen de se tirer d'affaire et de les aider spécialement, par les subventions que la loi autorise, à développer leur industrie pastorale.

Sans intéresser tout un hameau, l'insertion d'une parcelle communale dans un périmètre n'atteindra fréquemment les intérêts que d'un groupe particulier d'habitants. L'an dernier, je fus arrêté sur les bords d'un torrent qu'on étudiait, par un propriétaire : « Je suis voisin, me dit-il, du reboisement qu'on projette et qui se fera, tout le monde le croit ; j'ai là un chalet, mais si l'administration donne suite à son projet je n'aurai plus, moi, qu'à fermer ce bâtiment ; et mes voisins seront forcés d'en faire autant. C'est le communal voisin dont nous usons, dans lequel nous envoyons, sans frais de garde, pâturer notre bétail sous la surveillance de nos enfants, qui donne tout leur prix à nos chalets. N'aurons-nous pas droit à des indemnités ? » Cette question est la reproduction, en petit, de celle des hameaux à intérêts privatifs. Mais les propriétaires de chalets, voisins du communal, objecte t on, ce sont eux qui ont mis celui-ci en mauvais état. Ils ne méritent pas de pitié. Si ce ne sont eux, ce sont leurs pères. Soit, pour leurs pères. Mais lesquels? Quelle est la génération coupable? On n'en sait rien. Les propriétaires actuels n'en sauraient donc être rendus responsables, ni punis. Ce qui est certain, c'est qu'un chalet situé ainsi et acheté dernièrement avec ses dépendances et les droits qu'il confère sur le communal, une fois le périmètre établi, vaudra beaucoup moins; c'est qu'une famille n'ayant en rien participé aux mauvaises exploitations anciennes, à l'abri de tout reproche au sujet des dégradations environnantes, se trouvera véritablement frustrée si elle ne reçoit pas d'indemnités. D'après la loi du 3 mai 1841, a droit à indemnité quiconque jouit d'un droit réel sur un immeuble exproprié. Dans le cas dont nous parlons, ce droit ne sera pas difficile à établir. Mais il ne serait même pas étonnant qu'en quelques communes la tradition démontrât que certaines parcelles pastorales voisines de groupes de chalets appartinssent réellement aux propriétaires de ceux-ci, se rapprochant ainsi de ces « communs consorts » dont a parlé la Poix de Fréminville dans son *Traité général du gouvernement des biens des communautés d'habitants,* publié en 1760. Ce sont des « places communes ou terrains communs, dit-il, destinés au pacage des bestiaux, qui n'appartiennent pas au général d'une communauté, paroisse ou justice, mais aux propriétaires des domaines voisins qui les ont formés au dépens de leurs héritages et qui constituent à cet égard une sorte de société, d'où le nom de *consorts* ». Il explique cette destination par des raisons tirées de la topographie, de la dispersion des domaines, de l'emplacement de portions de communaux aux limites des territoires des communes. Fréminville connaissait un grand nombre de seigneuries ayant vingt et trente places communes, appartenant aux métairies et domaines qui les entouraient et devaient, par acquisitions et successions, toujours passer aux propriétaires de ceux-ci. Toutes ces circonstances, ne les voyons-nous pas réunies dans les Alpes?

Dans tous les bassins torrentiels de la Savoie pour ainsi dire, on rencontre des groupes de chalets qui exercent presque exclusivement des droits de pâture sur les cantons voisins du communal. Exemples : ceux de Léchepré et de la Sausse, des Avanières, de la Lossière et de Genevret, du Carlet, d'Errelaz, de Chaven, du bas de Lausevard, etc., dans les bassins des torrents de Saint-Martin, de la Grollaz, du Pousset, de Saint-Antoine, d'Envers, de la Gruvaz, d'Arbonne, communes de Saint-Martin-la-Porte, Beaune, Thyl et Orelle, Villarodin, Sollières, Cevins, Bourg-Saint-Maurice, etc.

Tous ces chalets ont été construits au centre de belles prairies, bien gérées. Un moyen d'indemniser les possesseurs serait évidemment d'acheter toutes leurs propriétés. Mais, qu'en faire après? Les reboiser serait chose antiéconomique au premier chef; il n'est pas plus permis de planter des bois ici, où s'obtient avantageusement de la viande ou du lait, que là où l'on produit du pain. D'ailleurs, souvent ces prairies sont en plateau et l'on ne retirerait même pas du reboisement l'avantage de modifier sensiblement le régime des eaux. En outre, elles coûteraient des prix extraordinaires. Au Genevret d'Orelle que je viens de citer, on m'a dit : « Ces prairies valent 35 000 francs, et encore ne voudrions-nous pas les vendre à ce prix, car nous ne saurions quelle destination donner à cet argent; il nous est absolument impossible de l'employer dans la plaine; il nous faudrait déguerpir. » Cependant, elles contiennent moins de 15 hectares productifs, elles sont situées à plus de 2300 mètres et d'une exploitation si difficile qu'on la réserve ordinairement pour l'hiver, afin de la pratiquer sur la neige avec des traîneaux. Qu'on juge du taux de capitalisation, auquel un jury d'expropriation estimerait l'expatriation obligatoire! Par conséquent, sous tous les rapports il est impossible de songer à leur expropriation. Je ne veux pas parler d'acquisition en vue de leur exploitation directe par l'Etat, qui est infiniment moins propre à ces opérations que les propriétaires actuels. Nous les laisserons donc entre leurs mains, mais alors pour réparer les pertes qu'ils éprouveront du voisinage d'un reboisement, reconnaissons l'utilité de leur indiquer des travaux d'améliorations compensatrices, qu'on réaliserait avec l'argent des indemnités que l'on croira dues, sinon, avec des subventions qu'on ne saurait refuser en pareil cas, si des indemnités ne pouvaient être légalement délivrées.

Ainsi se trouverait justifiée, par un second fait encore, l'étude des améliorations pastorales possibles dans les environs des futurs périmètres. C'est seulement aussi, remarquons-le, en obtenant que l'on consacre l'argent des acquisitions à des mises en valeur territoriales, que l'administration réussira certainement à empêcher les troupeaux chassés d'un point à en surcharger un autre pour le ruiner comme le premier.

Il est vrai que ces particuliers, ces hameaux isolés, voisins des communaux, ce ne sont que des minorités ; mais ce sont leurs dépositions et leurs plaintes qui provoquent les hostilités des conseils municipaux. En les satisfaisant, on étoufferait les germes de toute opposition.

Un article paru dans la *Revue des eaux et forêts* (1) a déjà fait remarquer qu'il est regrettable que la loi sur le cantonnement des droits de pâturage autorise l'échange d'un droit de servitude réelle appartenant aux communes contre une somme d'argent : c'est permettre à la génération présente de dissiper la valeur d'un patrimoine aussi utile aux générations futures qu'il l'a été aux générations passées. D'après l'auteur, le principe du remboursement en argent n'est rationnel qu'envers un particulier. Il y a des analogies entre cette opération et les acquisitions de terrains communaux à reboiser. Ici, il est inévitable de rembourser en argent, la valeur des terrains. L'inconvénient signalé au sujet des droits d'usage ne peut donc être évité qu'en exerçant sur les intéressés l'influence morale nécessaire pour les décider à convertir, de suite, en travaux agricoles d'intérêt commun les sommes qu'ils recevront. L'administration ne trouverait-elle pas aussi une espèce de consolation des prix excessifs que pourraient arrêter certains jurys par trop généreux, si elle voyait, en revanche, les capitaux versés par elle concourir, suivant ses conseils et sous sa haute direction, à l'œuvre de la régénération totale du sol alpestre, en même temps qu'à l'augmentation de la richesse publique ? Si, au contraire, on n'éclaire pas les expropriés, ou plutôt si personne ne prend l'initiative de réunir leurs efforts, car, en réalité, ils connaissent parfaitement toutes les améliorations dont leurs territoires sont susceptibles — une vigoureuse impulsion seule fait défaut — il est à craindre qu'obéissant aux sentiments de découragement qui saisissent souvent, dans ces pays, les cultivateurs aban-

(1) G., *Du cantonnement des droits d'usage dans les forêts de l'Etat (Revue des eaux et forêts*, 1881, p. 183).

donnés à leurs uniques efforts, les familles ne s'en aillent définitivement, comme elles n'y sont que trop portées, offrir à l'étranger leurs bras avec l'argent provenant de la vente de leurs propriétés. Et malheureusement ce n'est pas l'Algérie qui les attire, c'est le Chili, le Pérou, le Brésil, la république Argentine...

Un grand mouvement en faveur d'améliorations agricoles d'ordre pastoral détacherait les habitants des exploitations misérables des hauteurs, populariserait, par conséquent, des acquisitions par l'Etat sur une vaste échelle, les rendrait réalisables à bon marché. Or, aujourd'hui quoi de plus important que de grandes acquisitions pour obtenir de beaux et fructueux résultats ? Elles offriront un dérivatif précieux aux crédits disponibles. Grâce à elles, on se sentira moins pressé d'attaquer les montagnes les plus difficiles à traiter, attendant qu'une période plus ou moins longue de repos ait préparé le terrain à recevoir l'action du forestier avec toutes les chances de succès. C'est ainsi que tous ces désidérata, reboisements étendus, jachères préparatoires aux semis et plantations, augmentation à titre de compensation, par des méthodes intensives de la production herbagère sur les terrains encore en bon état, satisfaction de l'intérêt général et des intérêts privés, pourraient simultanément se développer dans une parfaite harmonie.

En principe, on doit envelopper les berges des torrents dans un périmètre assez distant de leurs crêtes, de 40 mètres par exemple, dit M. Surell. Mais, le plus souvent, ce ne seraient que des perfectionnements ruraux de premier ordre qui permettraient d'atteindre cette largeur. Fréquemment, en effet, les terrains qui bordent les crêtes sont relativement très productifs et, comme l'intérêt même de la conservation des montagnes commande absolument de ne point priver les habitants de la moindre parcelle de terrain en bon état capable de contribuer à leur subsistance, il faut renoncer à s'en emparer. Un ou deux hectares de plus ou de moins intéressent suffisamment les populations pauvres, pour que leur expropriation soit mûrement réfléchie. Il est admis que la quantité de pain de froment nécessaire en France par tête et par jour est de 750 grammes, et qu'elle peut être fournie par an par 3 hectol. 65. D'après cela, une production de 14 hectolitres de blé à l'hectare sur lesquels nous en retranchons 2 pour la semence, représente la nourriture de plus de trois personnes. Le tracé sur les bords d'un canal d'écoulement d'une longueur supposée de 2 kilomètres, de deux lisières de 10 mètres, retrancherait 4 hectares, c'est-à-dire la nourriture de treize personnes. Des lisérés de 40 mètres supprimeraient celle de cinquante-deux personnes, tout un hameau ; en prés, ce même espace représente, au rendement modéré de 3 000 kilogrammes par hectare, la nourriture de seize vaches dans les Alpes.

Mais il y a, dans les hautes vallées, des champs extrêmement pauvres, ne produisant que du seigle qui passe plus de douze mois en terre, qu'on ensemence en août, pour n'en faire la récolte qu'en septembre de l'année suivante. Ceux-là, vu les énormes frais de production qu'ils absorbent, il ne serait pas antiéconomique de les remplacer par des bois. Une circonstance spéciale faciliterait considérablement cette solution. Ce serait l'émigration totale de la localité. C'est pourquoi il ne serait pas sans à propos, lors de l'étude de certaines communes, de s'enquérir si les habitants seraient disposés à cette expatriation. En cas d'affirmative, on les aiderait à chercher un lieu qui leur convînt, sur notre sol national ou sur celui de nos colonies. C'est surtout dans les vallées, où une forte émigration s'est déjà produite, que cette question offre de l'intérêt, la dépopulation commencée, lente, mais continue, rendant de plus en plus pénible et triste l'existence de ceux qui restent. On a déjà essayé de transplanter en masse des villages complets. Un ancien préfet des Hautes-Alpes a offert autrefois aux habitants de Molines en Champsaur une concession en Afrique ; ils ont refusé. Mais avait-on fait le nécessaire pour qu'ils acceptassent ? Jamais un village tout entier ne s'en ira à l'aventure. Quand l'intérêt public et son propre intérêt réclament l'expatriation, l'État, intéressé à l'acquisition, ne devrait pas hésiter à envoyer en Algérie deux ou trois hommes des plus intelligents de l'agglomération sous la direction de quelqu'un de compétent. Ceux-ci entraîneraient leurs compatriotes, une fois l'argent des acquisitions reçu, s'ils trouvaient des conditions climatériques et agricoles satisfaisantes pour eux.

Quoique exceptionnelles, heureusement, les occasions pour l'État d'acheter des territoires d'où l'habitant s'enfuirait volontiers ne sont pas rares. J'ai, dans une étude sur les Hautes-Alpes, parlé de l'intéressante population de Freyssinières, un des derniers restes des Vaudois de ce pays, campé depuis trois siècles au fond de la vallée de la Byaisse. J'en ai cité deux hameaux : Mansals et Dormilhouse, où la disparition complète de la population était à désirer. Il y a quelques mois, un des bulletins du Club Alpin nous a appris que l'exode de Dormilhouse allait s'accomplir. Découragés, tous ses habitants ont fini par demander une concession en Algérie. Elle leur a été accordée sur le territoire des Trois-Marabouts, dans le pays d'Aïn-Témoutchent, à 5 kilomètres de la mer. Douze familles vont s'y installer. Et leur village des Alpes s'ensevelira définitivement dans le sommeil auquel le prédestinait son nom, qui signifie « Endormi ». Voilà un exemple qui prouve que l'émigration des hauteurs alpines, où aucune population ne saurait vivre à l'aise, quoi qu'on fasse, pourrait être organisée avec profit pour nos colonies et pour nos montagnes à la fois. Pourquoi cette féconde transformation est-elle en voie de se produire à Freyssinières plutôt qu'ailleurs ? C'est que cet endroit a eu la bonne fortune d'être visité par des hommes d'initiative et de dévouement. On la doit à un comité protestant, qui s'est donné pour mission d'améliorer le sort des vallées vaudoises françaises. L'émigration de la haute montagne sur une vaste échelle est, avec raison, déplorée d'un commun accord par les moralistes et les économistes ; mais, restreinte à quelques points, elle est parfois si bien indiquée, que les autorités religieuses elle-mêmes en proclament l'opportunité, quoique en principe elles y soient très hostiles pour des raisons d'ordre moral. Je viens de citer une décision prise sous l'inspiration d'un conseil de pasteurs de l'Église réformée ; je puis mentionner également une détermination du même genre, admise par un évêque catholique. Il y a deux ans, le 12 février 1881, une épouvantable catastrophe frappait le hameau des Brévières, commune de Tignes, la seconde que l'on rencontre sur l'Isère, en aval de sa source ; une avalanche, après avoir renversé une forêt qui l'avait toujours divisée jusqu'alors ou empêchée de se former, détruisit 16 maisons ; et, sur 37 personnes, 28 seulement furent retirées vivantes, après de longues heures de cruelles souffrances ; 61 animaux périrent. Mgr Turinaz, alors évêque de Moutiers et auteur, précisément, d'une brochure intitulée *l'Émigration rurale*, imprimée en 1878 dans le but de détourner ses diocésains du courant fatal qui les entraîne vers les grandes villes, n'a pu s'empêcher cependant, dans une lettre publiée à l'occasion du désastre des Brévières, après avoir indiqué divers travaux de défense, d'ajouter ceci : « ... Quelques-uns ont parlé d'abandonner le village ; mais les habitants ne se soumettraient à une pareille mesure que si elle leur était absolument imposée ; et on n'a pas songé aux indemnités qui devraient être accordées ». Il y avait, en effet, une difficulté, il y a peu de temps encore, en pareil cas, celle des indemnités nécessaires ; elle est tombée avec la promulgation de la loi du 4 avril 1882. Une fois déserts, on rétablirait facilement, dans les environs des hameaux infortunés dont nous parlons, qui se trouvent justement situés vers les ramifications extrêmes de nos principales rivières torrentielles, les forêts épaisses des anciens temps. La semaine même où eut lieu le désastre des Brévières, une avalanche non moins importante a occasionné autant de dégâts matériels au fond de l'autre grande vallée savoisienne, celle de l'Arc, au hameau de Villaron, commune de Bessans. Si on en parla moins, c'est que, la population s'étant enfuie à temps, il n'y eut pas de morts à déplorer. Des secours ont été accordés et l'on a rebâti. Tout dernièrement on m'a raconté que le village de Navette, en Valgodemar, situé vers 1400 mètres, sur un affluent direct de la Séveraisse, était en voie de dépopulation totale, uniquement par suite de la suppression de l'exploitation d'une ardoisière voisine, qui payait aux habitants environ 7000 francs par an en journées. Ce fait démontre combien est devenu précaire l'état de la population de certains villages. Au moment où j'écris, j'apprends que de nouveaux éboulements, dont la cause remonte à un déboisement opéré en 1824, emportent ce qui reste de cultures au hameau de Le Bois, près de Moûtiers en Tarentaise. Ce phénomène se renouvelle très fréquemment depuis quinze ans. On désespère de la possibilité de pouvoir y conserver plus longtemps une population de 200 âmes.

Trouvera-t-on que j'exagère les obstacles aux acquisitions de périmètres provenant de la population elle-même ? Peut-être. C'est pourquoi je vais ajouter, à l'appui des idées que j'ai exprimées, une preuve fournie par la conduite de l'administration des forêts elle-même, dans la récente histoire de la revision du régime forestier en Savoie. Au moment de l'annexion, on soumit en bloc 82 500 hectares de forêts communales, en se basant sur les chiffres trouvés au cadastre. A cette époque, l'existence des forêts de la province se trouvait compromise ; personne ne le nie. La loi sarde était bien sévère, mais point appliquée. Le pâturage des moutons et celui des chèvres s'exerçaient démesurément. L'administration française s'appliqua d'abord à le diminuer insensiblement. Mais, à la suite de plaintes incessantes de la part des communes, on trouva nécessaire en 1867, d'instituer une commission chargée d'opérer la revision du régime forestier. Son travail fut basé sur ce principe, qu'il fallait conserver le plus possible, mais distraire complètement du régime forestier les superficies reconnues nécessaires aux besoins essentiels de la population en pâturages de menu bétail. Nombre de reconnaissances contradictoires eurent lieu entre forestiers et conseillers généraux, maires ou délégués des communes. Finalement, en chaque affaire, il fallut se résigner à abandonner quelques morceaux de massifs. Ces lambeaux, livrés complètement à la gestion des communes, sont en train aujourd'hui de changer de nature, attaqués sans cesse par la hache des délinquants et la dent du bétail. Donc, en Savoie, tout récemment, l'administration, s'inclinant devant l'intérêt pastoral, s'est vue contrainte de sacrifier des bois tout créés, qui exerçaient leur part d'influence défensive. Au lendemain de ces concessions, il s'agit d'acquérir des terrains dégradés, en vue du même rôle protecteur ; pourquoi supposerions-nous que les projets d'acquisition ne se heurteront pas aux mêmes obstacles que la revision du régime forestier ? Il est, par conséquent, utile de se préparer à en triompher par la recherche des compensations de toutes sortes qui pourraient être offertes à la population, en échange des prises de possession par l'État, nécessitées par les torrents.

Voici quelques exemples des causes, des effets et de la nature des distractions récentes.

A Séez, dans la vallée de la haute Isère, des terrains, primitivement soumis, versant leurs eaux dans le Reclus, torrent dangereux, et au milieu desquels des bouquets d'arbres, témoins d'une ancienne végétation forestière, subsistent encore, ont dû être abandonnés, malgré les dangers d'éboulement et l'abri que fournirait en cet endroit une forêt contre le vent terrible qui descend du Petit Saint-Bernard, parce que c'est le seul canton où la commune peut mettre ses moutons au printemps. On y tint beaucoup, et cependant la quantité d'herbes produite par la surface abandonnée est insignifiante.

A Cevins, on évalua, à l'annexion, la superficie forestière à 1 150 hectares. C'était sans doute exagéré ; en tout cas, il y avait alors 600 chèvres qui pénétraient dans le communal. Par suite des prohibitions imposées, les habitants en réduisirent le nombre à 300 ; mais leurs plaintes finirent par provoquer, en 1874, un décret qui ramena la contenance à 633 hectares ; on fut forcé de distraire de véritables taillis, dans lesquels la municipalité accorde maintenant des coupes gratuites déréglées ou des ventes à vil prix, et où l'on retrouve les 600 chèvres d'autrefois. Une portion de ces taillis appartient au bassin d'un torrent redouté, la Gruvaz ; il est vrai qu'ils reposent sur un terrain primitif, d'apparence solide ; cependant, en les parcourant, on constate à chaque pas le rôle utile qu'ils remplissent, en retenant d'innombrables blocs et pierrailles superficiels qui se répandraient dans la vallée, si le déboisement se produisait.

J'ai vu également en haute Savoie, dans le bassin du torrent de Saint-Ruph, dont les crues subites menacent la ville de Faverges, des taillis distraits du régime forestier, en vue de créer un pâturage de chèvres et de moutons, à l'usage du hameau de Glaise.

Tous ces taillis, sous le régime actuel, sont destinés à une ruine complète ; ce sont des pâturages de tout temps. En plein hiver, à Saint-Georges d'Hurtières, j'ai rencontré, dans une parcelle de 20 hectares environ de taillis abandonnés, des troupeaux de moutons et de chèvres. Et je sais qu'il en est tous les jours ainsi partout, même dans cette saison, quand le temps le permet.

De nombreuses communes ne sont pas sans comprendre, aujourd'hui, les graves inconvénients des abandons qu'elles sont parvenues à obtenir. Elles voulaient des facilités de parcours ; mais elles auraient volontiers laissé subsister, sous le rapport de la surveillance et des exploitations, le contrôle de l'administration des forêts. En présence des coupes qui se commettent dans les terrains distraits et qu'elles se sentent impuissantes à empêcher, on trouverait, pour établir un état de choses différent, un appui auprès de bien des membres des corps municipaux. Un maire me disait, il y a déjà quatre ans : « Je considère, maintenant, que les distractions du régime forestier que nous avons demandées avec tant d'acharnement *ont été un grand malheur pour notre commune;* les exploitants des chalets voisins des cantons abandonnés y *font un mal terrible* en coupant des bois tous les ans et en y faisant pâturer tant de vaches et de moutons qu'il ne repousse plus rien. Autrefois c'étaient de belles forêts. » La commune a fait preuve de bonne volonté en augmentant, en 1878, le traitement de son garde champêtre de 30 francs, afin qu'il fasse plus de tournées dans les bois distraits.

C'est, je suppose, dans la haute Maurienne que les communes se sont montrées le plus exigeantes. Des peuplements fort étendus de résineux peu peuplés, il est vrai, mais qu'un régime améliorant aurait rendu complets, sont voués au contraire au déboisement par suite d'abandons forcés, si l'on n'adopte pas prochainement des mesures nouvelles capables de corriger l'effet des distractions. Sur le territoire de Bramans, dans cette pittoresque et sauvage vallée d'Ambin qui aboutit au Petit Mont-Cenis, on voit du lieu dit *la Fesse*, sur les deux rives, mais principalement sur la droite, plus de 100 hectares de futaie de mélèze et d'épicéa, distraits et parcourus librement par des moutons de Provence ; le terrain est rocheux par places, cependant la forêt est également entrecoupée par des ravins dont le reboisement et la correction seraient des plus utiles. L'Ambin est une rivière torrentielle qui, au point où elle se réunit à l'Arc après un parcours de 15 kilomètres, a en apparence la même importance que celui-ci. Il va sans dire que le reboisement de son bassin, à plus forte raison le maintien des bois qui s'y trouvent encore, présente un caractère d'utilité publique très marqué. A Thermignon, dans la vallée qui descend du Col et des célèbres glaciers de la Vanoise, existent encore des superficies notables parsemées de pins, d'épicéas et de sapins, distraites pour servir de pâturages de moutons. Avant la revision, Bramans avait 1 266 hectares et Thermignon 1 037 hectares soumis au régime forestier. Les nouveaux décrets ont réduit ces contenances à 697 et 785 hectares.

Ce qui précède peut paraître une critique des travaux du service forestier en Savoie. Rien cependant n'est plus éloigné de ma pensée. Toutes les concessions qui furent faites étaient indispensables à un moment donné, et ne méritent que des éloges. Ce fut bien servir la cause française et envisager, après tout, des intérêts politiques d'ordre supérieur que de restreindre le régime forestier, afin d'adoucir la transition du code sarde au nôtre. Honneur donc aux esprits conciliants et aux cœurs patriotiques qui l'ont compris.

Mais les temps sont changés, de par la législation nouvelle du reboisement. La loi du 4 avril 1882 va permettre de mettre fin à ce contresens administratif : projeter des reboisements d'un côté, abandonner de l'autre la gestion des forêts existantes. Comme elle prescrit en même temps que des reboisements la réglementation des pâturages, ce sera évidemment entrer dans son sens que de comprendre en première ligne dans les zones à réglementer les terrains intermédiaires entre les bois et les pâturages, ces espèces de prés-bois soustraits à la tutelle administrative dans les Alpes. Quant aux communes, nous pouvons garantir qu'elles seraient enchantées d'insérer dans leurs règlements un article proscrivant toute coupe d'arbres. Et quand des coupes seront nécessaires, elles se décideraient aussi très volontiers, suivant toute probabilité, à les laisser diriger par l'administration des forêts, à

— 50 —

ordonner ensuite des mises en défens temporaires sur les points exploités avec plantations de pieds ou de bouquets isolés qui conserve-
raient à la superficie sa nature de prés-bois. C'est ainsi qu'on introdui-
rait dans les hautes vallées un régime mixte, répondant parfaitement
aux besoins de la population, parfois au vœu de la nature elle-même,
qui, en créant aux altitudes alpines des massifs de mélèze sous lesquels
croît une végétation herbacée vigoureuse, semble avoir voulu imposer
à l'homme, dans ces lieux, des exploitations à double but.

Dans l'avenir, au fur et à mesure que le développement de l'agriculture intensive, de l'instruction et des méthodes perfectionnées se pro-
pagera, les habitants renonceront tout naturellement à l'exploitation
herbagère des cantons destinés plutôt à l'état forestier par leur sol, leur
situation, leur pente. La future émigration complète des hameaux les
plus malheureux rendra libres également un jour d'autres terrains distraits. C'est alors qu'on se félicitera d'avoir conservé par une période
de régime mixte les arbres qui les peuplent et qui rendront facile la
régénération forestière totale des sols recouvrés.

J'espère en avoir dit assez pour qu'il me soit permis de conclure que
l'étude et l'exécution d'améliorations pastorales dans les Alpes se trouve
en toute éventualité intimement liée au succès de l'œuvre d'acquisition
et de reboisement projetée par l'Etat.

Plus que toute autre destination, ces travaux fourniraient aux prix
d'acquisition, que ceux-ci soient distribués à des particuliers, des sections ou des communes, un emploi conforme aux vœux et aux besoins
réels du pays.

Plus que toute espèce de mesure coercitive, ils permettraient l'extension des périmètres et du régime forestier jusqu'aux limites extrêmes
que réclame l'intérêt public, tout en présentant l'immense avantage de
ne froisser aucun des intérêts locaux, de les satisfaire même au plus
haut degré.

Octobre 1883.

DES SUBVENTIONS
A L'INDUSTRIE PASTORALE
DANS LES ALPES

On admet généralement les résultats favorables sur la conservation et l'amélioration des pelouses montagneuses, que produiraient des distributions de subventions gouvernementales, même modiques, à l'industrie pastorale alpestre.

Cependant une critique des plus sérieuses contre ce système d'intervention de l'État, en une matière que paraît devoir régenter seul le concours des intérêts privés, a été présentée déjà et formulée au nom de l'économie politique. Nous allons essayer d'y répondre avant de proposer une organisation pratique ayant pour but l'emploi des subventions que l'administration voudra bien allouer dans l'avenir.

L'insertion, dans la loi de reboisement de 1882, d'un article autorisant les allocations de cette espèce ne dispense pas les amis des Alpes d'une discussion sur ce point. Tous les articles d'une loi d'affaire ne sont pas, en effet, forcément utilisés ; il est permis de négliger ceux auxquels on trouve des défauts, et ce serait le sort de l'article 5 de la nouvelle loi, si on le trouvait contraire, comme il le paraît de prime abord, à ces principes de *laisser faire* et de *justice distributive* qu'on ne saurait oublier dans la répartition des deniers publics.

D'après les doctrines économiques :

Ce n'est pas de l'État que doit venir le mouvement ; quels que soient l'intelligence, l'énergie de ses agents, leur amour du devoir ou l'ambition qui les anime, il n'est pas dans la nature de l'autorité de savoir imprimer l'impulsion la plus heureuse aux diverses branches de l'activité agricole ou industrielle ; l'abstention est plus sage de sa part ;

Rien ne remplace la clairvoyance et l'application des intérêts privés, stimulées par des chances de gain et des craintes de pertes ;

Sans compter que les subventions augmentent l'esprit d'intrigue et de sollicitation, elles accoutument les populations à recevoir de l'État des services qu'il n'est pas destiné à rendre et entravent par là même le développement de l'initiative individuelle ;

Enfin elles créent des privilèges en faveur de certaines catégories d'individus.

Rendons à ces principes l'hommage qui leur est dû ; mais voyons si le cas des Alpes n'est point assez particulier pour motiver qu'on y déroge. J'espère qu'une réponse affirmative ressortira de ce qui suit.

Un premier motif milite en faveur de ces montagnes, c'est leur soumission à un régime exceptionnel, par suite des droits nécessaires d'expropriation, de réglementation, de surveillance générale de la part de l'Etat qui les frappent aujourd'hui.

Un autre, plus égoïste, c'est que, malgré les articles à caractère coercitif contenus dans la loi de 1882, des concessions et des renonciations volontaires, de la part des propriétaires du sol, seraient évidemment la meilleure solution. La conduite de l'Etat, en favorisant le perfectionnement de l'industrie pastorale, s'expliquerait donc parfaitement, en définitive, par son propre intérêt, celui d'assurer aux habitants, afin de réussir plus facilement dans sa tâche, d'amples moyens d'existence en compensation de privations de jouissance sur les terrains destinés aux reboisements.

On est obligé de compter avec les sentiments et même avec les préjugés locaux. C'est pourquoi le moyen le plus sûr d'acquérir le droit de travailler au bien des générations futures est de procurer en même temps l'aisance à la génération présente des Alpes. La loi nouvelle est assez complète, heureusement, pour que ces deux parties du vaste programme dont l'exécution appartient au corps forestier soient simultanément exécutables.

Il est admis, par tous les économistes, que l'initiative de l'Etat n'est pas irrationnelle lorsque celle des citoyens laisse à désirer. Or l'insuffisance des efforts ayant pour objet des innovations et des progrès est un des traits caractéristiques de l'agriculture alpine ; il ne manque même pas de traditions ni de documents pour établir que, depuis plusieurs siècles, sauf sur certains points des deux Savoies, l'industrie pastorale non seulement est resté stationnaire, mais qu'elle périclite. Témoin ces grands et nombreux canaux d'arrosage, construits anciennement sur tant de versants, abandonnés et comblés aujourd'hui, lorsqu'eux seuls, cependant, en augmentant, sur une échelle variable du double au décuple, suivant les lieux, les productions fourragères des vallées et du bas des versants, pourraient conduire les habitants à décharger librement les montagnes pastorales du bétail en excès et à étendre considérablement les bois, sans éprouver aucune gêne.

« Mais nos populations alpestres, ai-je entendu dire souvent, ne méritent nullement ces égards et ces faveurs que vous leur souhaitez ; si leurs montagnes sont ruinées et devenues menaçantes, c'est de leur faute. Qu'elles en subissent les conséquences ! » Ce reproche est immérité. Elles ont été l'instrument des dégâts que notre génération est appelée à réparer, c'est vrai ; toutefois la situation actuelle est le résultat d'événements sociaux indépendants de leur volonté, dont elles ne sau-

— 53 —

raient être rendues responsables. Chassées par des guerres dans leurs hautes vallées et forcées d'y vivre, les peuplades primitives ont défriché, abusé du pâturage, détruit ; mais se sont-elles enrichies avec les ressources locales ? Jamais. C'est là leur excuse. Elles n'ont soutenu que la lutte strictement nécessaire pour l'existence. Quelques rares individus seulement sont parvenus à faire exception. Quant aux masses, elles sont restées pauvres, malgré des travaux opiniâtres et une sobriété constante. En une foule d'endroits, les ressources locales ont même été si insuffisantes qu'il a fallu y suppléer par l'émigration hivernale ; il y a des communes où, de temps immémorial, du mois de novembre au mois de mai, il ne reste pas un homme valide, et cette coutume est née du besoin, mais non de l'amour du lucre. Où se résigne-t-on à de plus durs sacrifices ?

Elles auraient pu, sur leurs communaux, récolter autant de produits qu'elles l'ont fait et plus, sans abuser autant, en appliquant de sages règlements. Sans doute ; mais remarquons que les diriger dans cette voie rentrait dans le rôle de l'Etat ; la loi nouvelle le reconnaît implicitement ; cependant c'est ce qui n'a pas été fait. Les anciennes administrations forestières elles-mêmes ne sont pas irresponsables des dévastations accomplies : à l'époque où, faute de chemin de fer, il était difficile de maintenir des fonctionnaires étrangers dans ces contrées déshéritées, on supprimait cette difficulté de personnel en ne leur en envoyant pas. Exemple : en 1820, la France comptait, depuis son organisation forestière de 1801, 830 agents forestiers ; mais, d'après un annuaire des Hautes-Alpes, 4 agents seulement se trouvaient à la même époque dans ce département. En 1880, le nombre des agents répartis sur tout le territoire national était un peu inférieur au chiffre d'il y a soixante ans, défalcation faite du nombre des agents des services extraordinaires et d'Algérie, qui n'existaient pas autrefois, tandis qu'insensiblement on avait dû arriver à fixer le nombre des agents du service ordinaire des Hautes-Alpes au chiffre de 13, reconnu indispensable pour une gestion semblable à celle des autres départements. Il est donc permis de dire qu'un des facteurs des déboisements du commencement du siècle fut la négligence de l'Etat à l'égard des régions dont les bois et les pâturages étaient exposés aux convoitises des populations.

Rappellerai-je que les plus énergiques efforts entrepris pour favoriser dans les Alpes la transhumance des moutons de Provence, usage si attaqué plus tard comme exploitation dévastatrice, le furent sous le patronage de l'Etat ? Le premier préfet des Hautes-Alpes a déployé pour l'organiser, à la fin du siècle dernier, tout le zèle imaginable (1).

De tous temps, les hommes d'Etat sont allés sur place étudier les *desi-*

<hr>

(1) Voir *l'Economie pastorale dans les Hautes-Alpes* (*Revue des eaux et forêts*, janvier 1881, p. 13).

dera'a des cités populeuses, des ports de commerce, des grandes villes industrielles. Les années suivantes, les allocations budgétaires affluaient vers ces centres privilégiés. Pour la première fois, en 1882, un ministre pénétra dans les hautes vallées des Alpes, suivant en cela l'exemple que donnaient, depuis vingt ans, les directeurs généraux des forêts. Ne pensez-vous pas que ces montagnes ne se ressentent encore de cet oubli du pouvoir central envers elles ? Si nous rapprochons de ces faits l'énormité des impôts fonciers payés par les hautes vallées, qui dépassent de beaucoup les proportions moyennes (1), on comprendra que des distributions de subventions dans les Alpes deviendraient des actes de pure justice réparatrice. Et maintenant que de magnifiques exemples apprennent à consolider et reboiser les pentes les plus dégradées, maintenant qu'un savant ouvrage forestier vient d'ouvrir au reboisement une ère nouvelle en divulguant des procédés de réussite certains, n'a-t-on pas plus de raisons encore qu'auparavant de répandre des subventions, afin de faire cesser tous les obstacles moraux et matériels à l'application, sur de vastes surfaces, des méthodes récemment découvertes ?

Pour jouir de la paix sociale et faire cesser les luttes entre gouvernants et gouvernés, un élément nécessaire est la jouissance du pain quotidien assurée aux travailleurs. Cet axiome ne saurait être oublié dans la question des Alpes. Il serait à craindre, s'il l'était, que des prétentions touchant à des intérêts vitaux certainement respectables et très chers aux habitants n'entraînassent des résistances intraitables et susceptibles de compromettre un succès définitif.

Quand la *Revue* publia notre étude sur les Hautes-Alpes (2), parmi les nombreux personnages qui voulurent bien m'adresser leur approbation et leurs encouragements, un ancien préfet de ce département m'écrivit :... « La question pastorale est la principale, peut-être même la seule » qui préoccupe l'habitant. « Au point de vue politique, l'administration du département a le plus grand intérêt à recommander l'adoption de vos idées. Je sais, par ma propre expérience, que la question pastorale est pour l'administration un gros embarras... » et, me rappelant un grand événement contemporain, « j'ai vu, ajouta-t-il, des communes me mettre le marché à la main et subordonner leurs votes à la levée d'une interdiction de pâturage. Je n'ai point cédé ; mais là, comme en d'autres circonstances, j'ai éprouvé les ennuis que les moutons causent au gouvernement comme aux montagnes... ». Malheureusement, d'autres fois on a cédé ; la politique a toujours nui aux inté-

(1) D'après le travail publié en 1883 par l'administration des contributions directes, en exécution de la loi du 9 août 1879, le département français le plus imposé est celui des Hautes-Alpes ; il paye 7,21 pour 100 de son revenu net, au lieu de 4,49, qui est la moyenne ; vient ensuite le département des Basses-Alpes avec 6,67, séparé de son voisin seulement par la Lozère, autre pays pauvre, qui paye 6,80.

(2) Novembre 1880 à mars 1881.

rêts forestiers. Or ils ne peuvent en devenir indépendants par ici, dans la mesure du possible, que par le perfectionement du régime pastoral ; ne vaut-il pas mieux contenter les populations par certains travaux subventionnés que par des concessions défavorables aux montagnes ?

J'entendis un jour un éminent député des Alpes, le très regretté Ernest Cézanne, exprimer son avis sur les subventions : il faisait l'éloge des premiers travaux de reboisement ; mais il regrettait en même temps qu'on n'appliquât point, comme moyen de transformation radicale des mœurs pastorales alpines, un topique d'un effet certain, selon lui : dans sa pensée, c'étaient des conseils, des exemples et des subventions propres à procurer l'extension des herbages et la suppression de la misère, cause indirecte de toutes les pratiques ruineuses des montagnes. Beaucoup de personnes s'imaginent qu'il faut réduire le bétail des Alpes ; Cézanne a écrit, au contraire, dans son ouvrage sur les torrents : « Les montagnes et en particulier les Alpes sont essentiellement pastorales ; les troupeaux sont la seule ressource, ils sont la vie même du pays : aussi doit-on chercher non pas à réduire, mais à étendre les pâturages. C'est ainsi que M Surrel a, dès l'origine, posé le problème. » Cézanne avait raison ; il faut augmenter le bétail, mais en déplaçant ses sources d'approvisionnements, c'est-à-dire en créant des prairies naturelles et artificielles en bas, à l'aide d'irrigations, pour décharger les pâturages ruinés du haut. Voilà comment il faut interpréter ses vœux. Des fruitières favoriseraient cette transformation ; Cézanne y avait confiance, et il ne dédaigna pas d'en parler dans sa dernière profession de foi, datée d'Hyères, le 5 février 1876 : « ... Un mot de nos affaires locales, dit-il en terminant. Il nous reste beaucoup à faire..... entreprendre enfin la réforme des lois sur le reboisement et le gazonnement ; sur ce dernier point, j'ai déjà obtenu de larges crédits, qui permettront à l'administration forestière de subventionner chez nous des associations fromagères analogues à celles du Jura. Vous verrez prochainement d'importants résultats de cette mesure. » J'ai fait connaître les premiers résultats obtenus dans une précédente étude (1). Il reste à propager l'œuvre commencée.

Je ne vois plus qu'on puisse, ainsi qu'on l'a fait, objecter contre le système des subventions envisagées comme compensations, la jalousie de certains départements. Si les représentants de quelques contrées prospères, alléguant que l'Administration des forêts a aidé naguère à la création d'associations fromagères, par exemple, dans les Alpes, sollicitaient des allocations semblables pour leur pays, il serait simple de répondre qu'on ne rend ce service dans ces montagnes qu'en échange de concessions réciproques.

(1) *L'Economie pastorale dans les Hautes-Alpes* (Revue des eaux et forêts, voir mars 1881, p. 99).

On s'est aussi préoccupé de l'effet futur, sur le marché, que produira l'offre de produits nouveaux provenant des industries pastorales encouragées par l'État dans les pays de reboisements. Il n'y a pas lieu de le redouter. Nous espérons procurer une augmentation de revenus de quelques millions à certaines vallées pauvres. Qu'est-ce que cela sur l'ensemble des produits herbagers de la France entière qui se chiffrent par plusieurs milliards ?

L'étude du passé fournit de nouveaux arguments favorables à la cause des Alpes et de toutes les contrées reculées. Malgré l'inaptitude ordinaire de l'État à régler des détails d'organisation industrielle, l'histoire des arts nous apprend qu'en France, comme partout en Europe, c'est l'État qui fut à l'origine le grand initiateur de toutes les industries : le souverain encourageait, avec les produits des impôts, les essais des inventeurs et les merveilles qu'enfantait le génie des artistes. Cette protection s'étendit à toutes les fabriques naissantes. Ainsi furent créées les premières manufactures de draps, les premières verreries auxquelles l'industrie privée vint d'abord demander des modèles et qu'elle remplaça ensuite. De nos jours quel puissant concours a prêté l'État à la construction des chemins de fer, des grands canaux, au desséchement des marais, tout le monde le sait ; mais ce n'est que vingt et trente ans après les contrées centrales ou maritimes que les Alpes ont commencé à profiter des travaux de ce genre. Quant à des fabriques, des industries encouragées anciennement dans leurs hautes vallées, nous n'en connaissons pas de traces chez elles. Donc, pour cela encore, elles peuvent parler de compensations, de réparations. Et leur venir en aide ce ne serait, en vérité, faire acte que de ce socialisme honnête, légitime, inattaquable, comme la France en a toujours fait en d'autres provinces, et auquel notre patrie doit une partie de ses grandeurs et de sa gloire.

Sans doute, les communes alpestres sont si éloignées généralement de concessions volontaires, que la réussite du système de compensations que nous préconisons ne sera assuré qu'après un certain nombre d'années marquées par des exemples d'avantages frappants. Mais ce qui sera bien vite acquis, ce sera l'adhésion complète des mandataires du pays, et ceci une fois prouvé aux hommes dirigeants qu'on ne voudrait priver les montagnards d'aucune jouissance, sans leur en rendre une plus grande, l'administration possédera un assez solide appui pour faire aux populations alpestres du bien malgré elles.

Les contributions foncières sont calculées sur le revenu net des propriétés. Dans les Alpes, en allant au fond des choses, je veux dire en évaluant le travail des familles qui cultivent leurs propres fonds au taux ordinaire des salaires des ouvriers employés pour le compte d'autrui, on constate non seulement que les deux tiers des propriétés des hautes vallées ne produisent point de revenu net, mais que la différence existant entre la valeur commerciale des produits ruraux et leur prix de revient est négative. Je l'ai démontré à propos de l'exploitation de nombreuses prairies hautes (1). De là résulte que les populations qui vivent dans cette situation économique font pour ainsi dire cadeau à la société d'un certain excès de travail, outre les impôts qu'elles versent dans la bourse commune. Voilà pourquoi la péréquation de l'impôt est demandée avec tant d'insistance par cette région. Elle est à l'étude en ce moment. Mais cela ne doit pas empêcher, par des transformations dans le mécanisme du travail, d'encourager les cultivateurs à élever leurs revenus tout en diminuant la somme de leurs efforts, amélioration toujours possible, tant il reste de perfectionnements pastoraux à accomplir. L'Etat, d'ailleurs, récupérera facilement, par la voie de l'impôt, l'intérêt, et au delà, des capitaux dont il aura gratifié le pays, pour les faire fructifier.

Ne nous attendons pas à de grands sacrifices pécuniaires de la part des intéressés les plus directs : leur défiance naturelle à l'égard des innovations les mieux justifiées et leur pauvreté ne le permettent pas. Mais il n'est pas question non plus de sacrifices bien lourds à solliciter de l'Etat. Cent mille francs par an, quelque chose comme le vingtième du budget des reboisements dans les Alpes, suffiraient pour déterminer un grand élan, surtout si à cette somme s'ajoutait une petite part du zèle, du dévouement, du travail et de l'intelligence que tant de nos distingués camarades déploient en travaux d'extinctions torrentielles proprement dits.

Quelques jours avant sa mort, rapportait naguère (1) M. Dumas dans un beau discours, Lavoisier disait : «... Un riche propriétaire ne peut faire valoir sa ferme et l'améliorer sans répandre autour de lui l'aisance et le bonheur. Une végétation riche et abondante, une population nombreuse, l'image de la prospérité sont la récompense de ses soins... » L'Administration des forêts est comparable à ce propriétaire ; son futur domaine dans les Alpes, ce sont les terrains dégradés de ces montagnes. Pour qu'elle l'étende comme il convient, sans froisser les intérêts des populations, pour qu'elle y fasse des créations assurées d'un éternel avenir, des placements de tout repos, il faut aussi qu'elle répande le bien-être et la prospérité autour d'elle. Elle y parviendra en favorisant l'industrie pastorale, et surtout en enseignant à employer fructueusement le prix d'acquisition des terrains qu'elle achètera. De dévastatrices et hostiles, les populations voisines deviendront alors conservatrices et ses plus précieuses auxiliaires ; et dans cet ordre de faits, comme en tout, éclatera encore la vérité du célèbre axiome de Bastiat, que « tous les intérêts sont harmoniques ».

(1) *L'Economie pastorale dans les Hautes-Alpes* (*Revue des eaux et forêts*, décembre 1880, p. 531).

(2) Séance solennelle de la Société nationale d'agriculture du 27 juin 1883.

Cependant on entend dire que l'Administration des forêts n'est plus aussi favorable aux demandes de subventions pour améliorations pastorales qu'il y a six ou sept ans. Je ne pense pas qu'il en soit ainsi. Ni l'esprit de conciliation qui lui est habituel, ni son transfert au ministère de l'agriculture, ni la réussite brillante des premiers essais, ni les témoignages d'approbation, reçus à leur occasion des conseils généraux, de nombre d'hommes éminents, des commissions du budget elles-mêmes, ni les récentes discussions sur le reboisement, si remplies du souci des intérêts pastoraux, n'autorisent à croire à ce revirement d'idées.

Toutefois, il était bien permis de laisser mûrir cette question nouvelle et d'attendre que, séduites par les premiers exemples, dus complètement à l'initiative administrative et placés sous leurs yeux, les populations intéressées se contentassent d'allocations moins fortes que les premières et fournissent par là même un gage manifeste de leur volonté de bien faire et une véritable garantie de succès. C'est dans cet esprit probablement qu'on a fait éprouver un certain ralentissement à la marche de l'œuvre.

Mais aujourd'hui la période initiale peut être considérée comme suffisante, et l'heure nous paraît venue de rechercher, en vue des futures améliorations pastorales désirables, un système d'encouragements et une organisation qui permettent à l'Administration d'exercer une haute direction, selon le vœu de la loi de 1882, sans briser les ressorts de l'initiative individuelle, qui stimulent même celle-ci et la laissent jouir dans le choix des méthodes et les règlements de détails de toutes les libertés compatibles avec le but à poursuivre.

C'est à cela que nous consacrerons un prochain article après avoir démontré, nous le croyons, dans les pages précédentes la complète légitimité des demandes de subventions modérées que les départements alpins produiront sans doute assez fréquemment dans un avenir prochain.

Avril 1884.

SOCIÉTÉS FRANÇAISES
D'ÉCONOMIE ALPESTRE

Le 25 janvier 1863, dix-neuf agriculteurs ou savants de la Suisse allemande réunis à Olten s'engageaient, afin de faciliter l'application d'une nouvelle loi forestière fédérale, à unir leurs efforts en vue d'obtenir des communes et associations pastorales existantes de bons aménagements de pâturages. Parallèlement au service officiel des forêts, ils voulaient stimuler et seconder officieusement les efforts spontanés et libres des agriculteurs, et en première ligne l'industrie laitière, avec l'élevage des bêtes bovines. Aidée par quelques allocations budgétaires de la confédération et de certains cantons, cette œuvre a réussi. Conférences, traités scientifiques, écrits populaires sur la question mixte des pâturages et des forêts, journaux périodiques chargés de mettre en lumière les travaux les plus intéressants exécutés sur n'importe quels points des montagnes helvétiques, distributions de prix, stations d'essai et alpages modèles furent les principaux moyens de propagande employés. Nombre de travaux de consolidation, des barrages, assainissements, drainages et irrigations, des nettoiements et extirpations de plantes nuisibles ou inutiles, des fumures convenables, des rendements supérieurs en produits animaux, des constructions d'étables-abris, des rotations de parcours et aménagements-règlements, des mises en défens, la formation enfin d'un bon personnel de directeurs d'exploitations alpines furent les principaux résultats obtenus par la Société fondée il y a vingt ans à Olten, sous le nom de *Société suisse d'économie alpestre*.

Il nous faut, à nous aussi, une ou plusieurs sociétés d'économie alpestre (1) : nous avons pour y tenir les mêmes motifs généraux que les Suisses, mais de plus ceux-ci, par suite de notre loi du 4 avril 1882 : 1° possibilité de recevoir aujourd'hui de l'Etat des subventions pour perfectionnements pastoraux ; 2° nécessité de réaliser sur les terrains encore en bon état une culture intensive afin d'obtenir des populations d'une façon moins pénible, je dirai même moins coûteuse, les sacrifices temporaires que réclament la réglementation des hauts pâturages, les mises en défens et les reboisements ; 3° utilité d'aider les propriétaires

---

(1) Je dis *une ou plusieurs*, pensant que si les idées émises dans cet article étaient mises en pratique, chaque département alpin tiendrait à avoir sa société spéciale et indépendante.

alpins à consacrer à l'amélioration de leurs montagnes les capitaux qu'ils recueilleront de la vente des futurs périmètres de reboisement, et de les guider dans cette voie.

Il ne nous semble pas que des efforts isolés soient capables de produire des résultats satisfaisants. L'historique de chaque fruitière établie administrativement dans les Alpes depuis 1875 peut servir à le démontrer. Les forestiers qui en prirent l'initiative se sont toujours trouvés en présence de difficultés qui ne tombaient que devant des promesses de subventions extrêmement élevées, justifiables sans doute dans une période de début et d'essai, exagérées pour la suite. Il fallait parler des deux tiers ou des trois quarts de la dépense. Des souscriptions recueillies sur les lieux garantissaient la fourniture du reste. Malgré ces avantages extraordinaires, les sociétés se dissolvaient peu de temps après une première entente, de nouvelles démarches les reformaient cependant, mais toujours avec un nombre d'adhérents moins fort. Cela se passait ainsi deux ou trois fois avant que la première pierre fût posée. Les motifs de désorganisation étaient les plus futiles en apparence ; en réalité, c'étaient les avances de fonds obligatoires, si faibles fussent-elles, qui les créaient. Aucune construction ne s'est jamais élevée qu'avec le concours financier d'un petit nombre de fidèles. Une fois le bâtiment achevé, les dissidents se rapprochaient des actionnaires et se faisaient affilier moyennant une cotisation annuelle. Finalement ce fut toujours un succès complet, mais il est certain que pour aboutir à de grands résultats une marche plus sûre et sujette à moins de péripéties est nécessaire.

Ce n'est pas sur l'initiative des conseils municipaux qu'il est permis de compter, car rarement les améliorations désirables intéressent des communes entières ; elles ne touchent généralement qu'à des intérêts de groupes spéciaux, c'est pourquoi on ne saurait les mettre à la charge des caisses municipales.

Mais des sociétés d'encouragement et financières en même temps, dirigées par des hommes imbus de connaissances techniques, répondraient aux besoins de la situation. Sur quels principes fondamentaux proposerons-nous que soient basés leurs statuts ? Le voici :

Chaque société française d'économie alpestre s'organisera sous le patronage de l'Administration des forêts et aura pour objet de favoriser dans nos Alpes l'application de la loi du 4 avril 1882, dans ses rapports avec la question pastorale. A cet effet, elle émettra des actions qui serviront à avancer des fonds à toute entreprise rurale susceptible de faciliter, en augmentant les ressources productives locales, les acquisitions de l'Etat, les mises en défens et les réglementations de pâturages.

Elle s'attachera spécialement au perfectionnement de l'industrie laitière, à la création de fruitières d'hiver et d'été, de chalets et d'étables de montagnes, à la construction de canaux d'irrigation, à l'extension des prairies naturelles et artificielles, innovations dont l'heureuse influence directe ou indirecte sur la conservation et l'amélioration des pelouses montagneuses est parfaitement établie.

Elle sollicitera du gouvernement, en vertu de l'article 5 de la loi du 4 avril 1882, des subventions égales à la moitié du coût total des travaux et, à l'aide de son capital-actions, avancera aux syndicats ou associations locales intéressées l'autre moitié des fonds nécessaires.

Les associations subventionnées verseront annuellement dans la caisse de la Société, à partir du moment de l'utilisation des travaux exécutés par eux, 3 1/2 pour 100 de la somme totale dépensée.

Ces versements seront divisés en deux parts : l'une de 3 pour 100, soit 6 pour 100 du prêt, sera consacrée à payer aux actionnaires de la Société l'intérêt de leurs avances à raison de 6 pour 100, l'autre de 1/2 pour 100, soit 1 pour 100 du prêt, sera consacrée à l'amortissement de la dette.

Afin de stimuler particulièrement l'initiative locale, d'attirer les capitaux du pays vers les œuvres alpestres et de retenir, en un mot, dans les Alpes tous les bénéfices de l'œuvre dans l'espoir que ces bénéfices seront une source d'améliorations successives, ne seront admis comme actionnaires que les propriétaires habitant les départements dont chaque société s'occupera.

Les organisateurs s'efforceront même de recruter les actionnaires dans les communes appelées à profiter plus spécialement des améliorations projetées, afin de procurer aux populations les plus voisines des montagnes à restaurer les plus grands avantages possibles, et partant, aux montagnards qui le voudraient, la faculté de cumuler les qualités d'actionnaire et d'emprunteur (1).

Les conseils d'administration ne seront composés que d'actionnaires, toutefois une exception sera faite à cette règle en faveur des professeurs départementaux d'agriculture et de certains agronomes ou savants connus par leurs études spéciales sur les industries pastorales et aptes, par conséquent, à assurer le succès et les progrès de l'œuvre par le concours de leurs conseils.

Toutes les fonctions de la Société seront gratuites. On fera appel, pour les gérer, au zèle désintéressé de ses membres. Les menus frais inévitables d'imprimés, de correspondance, etc., seront payés sur les subventions qu'accordent déjà les conseils généraux et les sociétés d'agriculture de la région à diverses entreprises d'intérêt alpestre. Les missions extraordinaires des spécialistes devant présenter un caractère

---

(1) Les membres de cette catégorie auront un double intérêt à la réussite des affaires auxquelles ils se prêteront, ils augmenteront ainsi les chances de succès de chaque entreprise ; par leurs connaissances pratiques, ils rendront également les plus grands services à la Société. Leurs souscriptions seront faciles à recueillir dans les communes où une émigration intelligente amène de l'argent.

d'utilité générale seront payées volontiers par l'Etat (1). Les frais d'administration ne diminueront donc en aucun cas les avantages financiers prévus pour les actionnaires, dans la combinaison exposée plus haut.

La durée des sociétés ne sera pas limitée, mais le concours de l'Etat ne leur sera promis aux conditions précitées que pour une période déterminée, attendu qu'au bout d'un certain temps, vingt-cinq ans, je suppose, il est permis d'espérer voir la routine vaincue et le triomphe des méthodes culturales en harmonie avec les intérêts bien entendus du pays.

Les avantages de l'organisation proposée peuvent être en définitive résumés ainsi :

Détermination d'un mouvement d'ensemble et de totalité qui parviendra plus aisément à fonder un régime pastoral rationnel dans toute la région des Alpes que des efforts isolés, dans une seule commune.

Développement des industries alpestres avec l'appui du gouvernement, mais sans intervention exagérée de sa part.

Réduction des subventions de l'Etat à un maximum égal à la moitié des dépenses.

Malgré cela, pas d'avances de fonds de la part des populations pauvres qu'il s'agit de seconder.

Libération complète de celles-ci en quarante ans environ, au moyen d'un simple versement annuel de 3 1/2 pour 100 comprenant à la fois l'amortissement et l'intérêt des sommes avancées (2).

Perspective pour les Sociétés d'opérations plus brillantes dans l'avenir; si, par exemple, rencontrant trop d'inertie chez les montagnards, elles se décidaient à se substituer à eux, à amodier elles-mêmes certaines montagnes livrées jusqu'à présent à des moutons de Provence et à les exploiter directement avec des vaches louées dans les villages environnants; si encore, là où elles ne parviendront pas à créer des associations fromagères, elles consentent à acheter le lait des propriétaires à un prix fixe, cependant assez rémunérateur pour séduire ceuxci et fonder des fabriques de fromages à leur propre compte : — deux genres d'opérations qui procureraient de beaux dividendes.

(1) Nous avons en France plusieurs savants qui ont reçu du gouvernement des missions à l'effet d'étudier l'industrie laitière dans notre pays et à l'étranger. Ils ont parcouru les contrées de l'Europe où elle est la plus avancée, l'Angleterre, la Suède, le Danemark, la Suisse et la Normandie, il est évident que si l'on se décide à encourager résolument les fruitières dans les Alpes, on devra faire appel à leur précieux concours.

(2) En plaçant 1 franc par an et en accumulant les intérêts et les intérêts des intérêts au taux de 5 pour 100, on obtient un capital de 100 francs au bout de la trente-sixième année. Un versement de 1/2 pour 100 sur tout le capital dépensé en travaux, soit de 1 pour 100 des avances des Sociétés, amortira donc les emprunts faits à celles-ci, dans ce délai.

Par ses relations, chaque société saura procurer des débouchés aux entreprises fondées et protégées par elle, résultat assez difficile à atteindre de la part de petites associations naissantes, abandonnées à elles-mêmes ainsi que l'ont prouvé les premières créations de fruitières faites dans les Alpes.

Grâce à leur extension, d'importantes sociétés seront en mesure de faire profiter chaque vallée des méthodes avantageuses, anciennes ou nouvelles, découvertes dans d'autres, en les divulguant.

Par suite du nombre de leurs opérations, elles construiront à bon marché et achèteront avantageusement le matériel nécessaire aux établissements qu'elles feront naître.

Possédant dans leur sein, des hommes d'une compétence incontestable, elles mériteront la confiance de l'administration des forêts, qui alors se déchargera sur elles de tous ces détails d'organisation industrielle dont on reproche si souvent aux services de l'Etat de s'occuper.

Elles fourniront enfin toutes les garanties nécessaires pour l'exécution de ces projets sérieux et de longue haleine qui réclament du temps et des efforts continus, guidés par la science et l'expérience.

Nous avons établi par une statistique détaillée, dont l'exactitude n'a pas été contestée, qu'une dépense de 1 million élèverait le département des Hautes-Alpes au rang des contrées laitières les plus avancées. Cette même industrie laitière devrait être la base fondamentale de toute l'agriculture alpestre et mériterait d'être encouragée de la même façon dans d'autres vallées représentant ensemble trois fois celles des Hautes-Alpes. Il faudrait donc 4 millions; si le pays en fournissait la moitié, on voit qu'en définitive il suffirait de demander au budget des reboisements, pendant vingt-cinq ans, un crédit annuel de 80 000 francs, chiffre assurément modeste, eu égard aux résultats de toutes sortes à en espérer.

Dans une des plus intéressantes discussions auxquelles a donné lieu l'administration forestière depuis dix ans : celle de son transfert au ministère de l'agriculture, deux esprits éminents, MM. Cézanne et Faré, ont affirmé que le perfectionnement des méthodes d'exploitations pastorales pourrait « décupler les richesses » de nos hautes vallées. Les mêmes idées se retrouvent dans les belles conclusions du livre de M. Demontzey, le code pratique actuel de la restauration des montagnes; elles percent à chaque instant dans les pages éloquentes du célèbre ouvrage de M. Surell. Qu'il nous soit permis d'associer à ces grandes vues d'avenir le projet qui précède, car réaliser le splendide programme économique que tant d'illustres autorités n'ont jamais séparé des travaux de reboisement et d'extinction des torrents, telle est l'œuvre que nos Sociétés françaises d'économie alpestre seraient certainement à même d'accomplir.

Mai 1884.

D'UNE STATISTIQUE ALPESTRE

Plusieurs sociétés françaises d'économie alpestre se trouvent fondées, je le suppose du moins. Qui les guidera dans la poursuite du but de leur institution ?

Ce sera l'affaire d'une bonne statistique, que le service spécial du reboisement ne saurait tarder à faire établir ; d'une statistique-enquête remplie de faits propres à mettre en évidence l'intimité des cultures agricole, pastorale et forestière dans chaque vallée, exposant en même temps tous les genres de travaux capables de provoquer le développement progressif et harmonieux de chacune d'elles.

Il y a dans la question des Alpes, comme en tout problème économique, « ce qu'on voit et ce qu'on ne voit pas ». Des eaux qui ravagent par suite de la disparition des forêts, c'est ce qu'on voit ; mais les causes multiples et éloignées des destructions exécutées par l'homme, c'est ce qui ne saute pas immédiatement aux yeux, et c'est ce qu'il faut chercher ; on ira s'en instruire sous le chaume de l'habitant aussi bien que sur le terrain. Et, une fois les détails et les besoins de son existence bien connus, et expliqués, s'il le faut, par des monographies de famille en nombre suffisant, on saura le nécessaire pour le transformer lui, agent destructeur jusqu'à présent, en un instrument de restauration actif et puissant.

Les documents statistiques qu'on possède sont-ils assez complets et exacts pour servir de base à des réformes pastorales bien déterminées? Non, car ils ont laissé subsister de singulières erreurs, par exemple, la légende des troupeaux dits *transhumants*.

Il y a quelque soixante ans, des écrivains locaux ont constaté que les moutons de Provence causaient en divers endroits des Alpes de sérieux dégâts. Le fait était vrai ; mais il a été grossi démesurément en étant répété, et généralisé tout à fait à tort ; on en parle au loin, tantôt comme d'une lèpre qui s'étend annuellement des départements du Midi sur leurs voisins du Nord, tantôt en le comparant à un fléau d'Egypte. On dirait qu'il est la seule cause du déboisement et l'unique obstacle au reboisement. Quelqu'un affirmant que les Alpes n'ont jamais vu un seul transhumant ne serait pas plus éloigné de la vérité que les auteurs de ces étonnantes exagérations. En 1875, on prétendait que le Valgodemar recevait 300000 transhumants ; je m'y suis rendu, j'en ai compté 12 000. En 1877, le Dévoluy passait pour en estiver 50 000 ; à moi, les maires en ont déclaré 400 appartenant à deux *bayles* provençaux ; il y en a 30 000, c'est vrai, achetés jeunes agneaux à Arles, mais qui s'élèvent, grandissent et sont hivernés dans les Alpes ; ils ne rentrent pas alors dans la catégorie des transhumants. Or les inconvénients d'une méthode ne sont plus ceux de l'autre ; il faut donc savoir la vérité. Un agronome distingué, M. Jacques Valserres, voulait, en 1881, par l'organisation du Crédit au mouton, à l'aide de la succursale de la Banque de France de Gap, arriver à la suppression de la transhumance du Midi aux Alpes, en offrant aux montagnards la faculté de se procurer à la Banque les capitaux nécessaires pour acheter un nombre de moutons, inférieur à celui qu'ils devaient recevoir du Midi, selon lui, mais dont les individus, engraissés par eux directement, devaient leur rapporter des revenus supérieurs aux prix de locations payés par les bayles provençaux ; seulement, l'auteur supposait que l'affaire valait la peine ; que les Hautes-Alpes seules recevaient 500 000 têtes ovines des départements du Midi. Comme il n'en était rien et que ce chiffre doit être abaissé à 50 000, peut-être à 30 000, le Crédit au mouton est mort-né, faute de transhumants en nombre suffisant pour intéresser l'inventeur.

Il est probable que, dans toutes les Alpes, il n'y a pas plus de 150 000 transhumants du Midi, au lieu de 1 500 000, comme on le voit écrit dans des ouvrages, pleins d'autorité d'ailleurs.

Les voyageurs qui les ont parcourues ne s'étonneront pas de ces atténuations ; ils savent bien que l'on ne rencontre de moutons provençaux que fort rarement dans une commune sur trente à peine ; qu'il faut les chercher dans les plis les plus reculés et les plus élevés de leurs chaînes, et bien souvent les gros chiffres exposés dans quantités de publications et de discours alpestres ont dû leur paraître inexplicables.

A l'appui de ce qui précède, on peut faire remarquer également que, dans une foule de périmètres de reboisement, attaqués depuis longtemps, il n'y a jamais eu de moutons de Provence, tandis que, dans les vallées où ils sont le plus nombreux, comme le Valgodemar précité, il n'y a pas encore de périmètres, évidemment, parce qu'il y avait moins d'urgence d'en créer là qu'ailleurs ; on a donc reconnu implicitement que le transhumant fait moins de mal que le mouton indigène, et M. Demontzey l'a déjà affirmé et démontré dans son *Traité du reboisement*.

Toutefois, il reste à projeter une pleine lumière sur ces faits par des chiffres, toute tentative de réforme ne pouvant être fondée que sur une connaissance précise des mœurs pastorales. Si c'est le mouton du Midi qui ruine les Alpes, en faisant disparaître les vacants de la Crau et les jachères de la Camargue, on ferait pousser des arbres sur leurs sommets, Gasparin l'a dit ; mais, si c'est le mouton indigène qui les dénude, c'est en développant les prairies artificielles et naturelles dans leurs propres vallées, en vue de prolonger le temps de la stabulation, qu'on déchargera les sommités du bétail en excès.

Cette seconde solution est celle qui ressortira sans doute d'une statistique détaillée, et les faits suivants seront constatés, selon toute probabilité :

Que le communal est livré très généralement à des moutons provenant des départements alpins eux-mêmes ; mais que ces moutons n'y demeurent jamais pendant la nuit ;

Que, le soir, ils descendent sur les prairies hautes pour les fumer en y étant parqués ;

Que le foin de ces prairies est descendu à grands frais dans les vallées ;

Que ce fourrage, consommé en hiver, a pour fonction principale de fournir l'engrais nécessaire aux céréales du bas des versants ;

Que ce sont donc les céréales d'en bas qui privent indirectement les pâturages d'en haut de la fumure qui serait absolument nécessaire à leur entretien, *a fortiori* à leur restauration.

On se dira alors qu'en supprimant ces céréales dans les localités élevées, chose déjà reconnue rationnelle, avantageuse, économique, très faisable, grâce aux moyens de communication nouveaux et aux facilités d'irrigation, non réalisée uniquement en raison de la routine, du même coup l'augmentation des superficies herbagères deviendra suffisante pour une longue stabulation, et les prairies hautes d'une exploitation si anormale deviendront des pâturages à vaches de premier ordre, que fumera directement le bétail qu'elles nourriront.

Les pâturages supérieurs pourront conserver leurs moutons pendant la nuit, s'entretenir et s'améliorer par l'engrais joint à une bonne direction du parcours.

Une erreur également fort répandue, c'est que la rapidité des pentes et les glissements de terrains s'opposent au développement des canaux, base de la révolution agricole qu'il s'agirait d'introduire ; que partout, à peine construits, ces ouvrages seraient comblés par des éboulements. Il n'en est rien heureusement. En face d'un versant dégradé, s'en trouve le plus souvent un parfaitement intact. Ce terrain est torrentiel ; dans le voisin, l'eau coule régulièrement, prête à répandre la fécondité partout où on la conduira. Le reboisement et l'irrigation peuvent donc être pratiqués simultanément ; celle-ci pour détourner la population des pentes où celui-là est nécessaire.

La nécessité d'une statistique pastorale est démontrée. Voyons maintenant les points principaux qui devront s'y trouver traités. Ce serait pour chaque région :

Les aptitudes des sols, les cultures diverses, leurs proportions, de revenu des céréales et celui des prairies situées dans des conditions topographiques comparables, la préférence à donner à telle ou telle culture, les obstacles aux modifications désirables, si les proportions ne sont pas ce qu'elles doivent être ;

L'étendue des prairies hautes, leur rendement brut, les frais d'exploitation qu'elles occasionnent, d'où découlera la convenance de les convertir en pâturages à vaches ;

On discutera les méthodes zootechniques actuelles : élevage, production de la laine, de la viande et du lait : la valeur donnée aux fourrages par la pratique de chacune d'elles, et l'on en conclura celle qui mérite la préférence et la plus capable par là même de pousser la population au développement des prairies ;

On indiquera les montagnes pastorales où la substitution du pâturage des vaches à celui des moutons serait réalisée avec profit ; celles où elle est impossible, mais où le parcage serait praticable ;

En fait d'améliorations, on s'attachera principalement à l'étude des canaux, fruitières d'hiver et d'été, chalets et chemins de montagne présentant un intérêt relatif aux reboisements, mises en défens et réglementations nécessaires ;

On signalera les transformations qui favoriseraient la restriction du communal et l'extension de la propriété particulière, en y joignant des monographies de localités où d'importantes et heureuses conversions de ce genre ont eu lieu déjà.

Ces enquêtes pourront se faire très rapidement, car des sommets on embrasse toujours de très vastes superficies pastorales, et, dans la plupart des communes, en un jour de courses ou deux, on se rendrait facilement compte de tous les progrès qu'elles réclament. D'ailleurs, un certain nombre de monographies suffiraient en attendant des statistiques complètes pour fonder des conclusions sur des bases indiscutables.

Sans doute, l'économiste étranger au pays qu'il explorera devra se défier de ses propres inspirations ; mais il rencontrera toujours, pour les corroborer et en disserter, des cultivateurs compétents, que le temps et de longues réflexions sur les systèmes culturaux de leur pays, unique objet de leurs soucis, ont remplis d'expérience et d'idées pratiques. Ceux-ci se plairont à communiquer leurs précieuses observations, une fois persuadés qu'en les interrogeant on se propose un but d'utilité publique, joint à des sentiments de dévouement et de sympathie pour leur propre cause. Ce sont de ces hommes sages et prudents, qu'un savant ingénieur, grand voyageur et statisticien hors ligne, Le Play, n'a pas craint d'appeler des *autorités sociales*, en rappelant que Platon les avait peut-être plus justement encore qualifiés *hommes divins*. « Il se trouve toujours parmi la foule des hommes divins, peu nombreux à la vérité, dont le commerce est d'un prix inestimable, qui ne naissent pas plutôt dans les États policés que dans les autres. Les citoyens qui vivent sous un bon gouvernement doivent aller à la piste de ces hommes... et les chercher par terre et par mer, en partie pour affermir ce qu'il y a de sage dans les lois de leur pays, en partie pour rectifier ce qui s'y trouverait de défectueux. Il n'est pas possible que notre république soit jamais parfaite, si l'on ne fait ces observations et ces recherches, ou si on les fait mal. » (*Les Lois*, liv. XII.)

Les auxiliaires ne manqueront donc pas, et, aidé de leurs lumières, le statisticien parviendra certainement à dévoiler toutes les causes humaines de la misère et de la ruine des Alpes et à découvrir les moyens sûrs d'y mettre fin.

Juin 1884.

Paris. — Typographie A. Hennuyer, rue Darcel, 7.